Prof. Dr. Gerald Lembke
und Christopher Meil

Smartes Marketing mit Künstlicher Intelligenz

REDLINE | VERLAG

Gerald Lembke
Christopher Meil

SMARTES MARKETING MIT KÜNSTLICHER INTELLIGENZ

50 Fallbeispiele und 100 Tools für die Praxis – konzipieren, optimieren und automatisieren

Bibliografische Information der Deutschen Nationalbibliothek:
Die Deutsche Nationalbibliothek verzeichnet diese Publikation in der Deutschen Nationalbibliografie; detaillierte bibliografische Daten sind im Internet über http://d-nb.de abrufbar.

Für Fragen und Anregungen:
info@redline-verlag.de

1. Auflage 2022

Türkenstraße 89
D-80799 München
Tel.: 089 651285-0
Fax: 089 652096

Redaktion: Ines-Nicole Lange
Umschlaggestaltung: Marc Fischer
Umschlagabbildung: Shutterstock.com/archy13
Satz: ZeroSoft, Timisoara
Druck: Florjancic Tisk d.o.o., Slowenien
Printed in the EU

ISBN Print 978-3-86881-871-0
ISBN E-Book (PDF) 978-3-96267-383-3
ISBN E-Book (EPUB, Mobi) 978-3-96267-384-0

Wir produzieren nachhaltig
www.m-vg.de

Weitere Informationen zum Verlag finden Sie unter
www.redline-verlag.de
Beachten Sie auch unsere weiteren Verlage unter www.m-vg.de

INHALT

»Man kann sich die Mühe sparen, Menschen in neuen Denkweisen zu unterrichten. Man sollte Ihnen lieber Werkzeuge an die Hand geben, deren Benutzung selbst zu neuen Denkweisen führt.«

R. Buckminster Fuller (Designer, Erfinder, Futurist)

1. JEDER KANN KI

Wir sind überzeugt: JEDER kann KI-Marketing – und das unabhängig von Ausbildung, Studium, der Branche, dem Alter oder Geschlecht. KI-Marketing kann sogar viel Vergnügen bereiten. Es kann aber auch Mitarbeiter produktiver und unabhängiger von externen Dienstleistern machen und die Arbeitsmotivation deutlich steigern.

Lassen Sie sich als Marketingmitarbeiter[1] und Teamleiter nicht von angsteinflößenden Schlagworten aus den Medien abschrecken, die da lauten: Cloud-Computing, Machine- und Deep-Learning, Predictive-Marketing oder Big-Data-Management. Dieses Buch ist demnach vollständig befreit von der utopisch anmutenden Rhetorik, wie sie bei Informatikern, Mathematikern, Ingenieuren und KI-Experten vorliegt. Mit über 100 KI-Tools und 50 einfach anwendbaren Beispielen eignet es sich hervorragend für die tägliche Marketingarbeit. Darüber hinaus unterstützt es JEDEN dabei, die heutigen KI-Technologien als Chance zu nutzen und deren Vorteile aktiv einzusetzen.

Die für dieses Buch ausgewählten KI-Anwendungen funktionieren – mit einigen Ausnahmen – mithilfe einer »schwachen KI« (in Abgrenzung zur »starken KI«). Warum ist das wichtig? Sie müssen nicht programmieren können und auch nicht zwingend ein Studium absolviert haben. Denn durch intelligente Algorithmen ist eine lange Einarbeitung in die Tools nicht notwendig.

Die aufgeführten KI-Tools unterstützen Mitarbeiter dabei, grundlegend neue Marketingaufgaben deutlich schneller und mit besseren Ergebnissen zu erfüllen. Die enthaltenen Aufgaben bewegen sich im Gebiet der

[1] *Wir sprechen in diesem Buch alle Geschlechter gleichermaßen an und nutzen für die einfache Lesbarkeit die männliche Form.*

Unternehmenskommunikation, dem Vertrieb (outbound und inbound), dem Kundenmanagement und Kampagnenmanagement. Marketingleiter, Teamleiter, Kampagnenmanager und Mitglieder der Geschäftsführungen leisten mehr strategische Arbeit. Ihnen hilft dieses Buch, Künstliche Intelligenz in den strategischen Marketingalltag nachhaltig einzuführen oder weiterzuentwickeln.

SIE BEKOMMEN MIT DIESEM BUCH ...

- eine Übersetzung des KI-Themas für den mittleren bis gehobenen Mittelstand.
- 50 Anwendungsbeispiele aus der Marketing- und Agenturpraxis.
- mehr als 100 Tool-Empfehlungen, deren Praxistauglichkeit geprüft wurde.
- eine Blaupause für die Formulierung einer KI-Strategie.
- Impulse für eine effektivere Zusammenarbeit zwischen Agentur und Marketing.
- Anregungen für ein erfolgreiches Change-Management im Marketing.

Übrigens: Eine Studie der SRH Berlin University of Applied Sciences (Bünte 2018) kam zu dem Schluss, dass Künstliche Intelligenz im Marketing noch ein Nischendasein fristet. Die vier wichtigsten Gründe liefern zugleich diese vier Hauptkapitel:

1. Die unternehmerischen Potenziale sind vielen Entscheidern unbekannt (siehe Kap. 3).
2. Es fehlt an vorzeigbaren Use Cases (siehe Kap. 4).
3. Mangelnde digitale Fähigkeiten erschweren die Umsetzung (siehe Kap. 5).
4. Die operative Umsetzung fällt vielen Unternehmen schwer (siehe Kap. 6).

Wie KI-Tools erfolgreicher machen

Ein Marketingleiter der alten Schule nickt bei diesem Ergebnis verständnisvoll den Kopf. Der Marketingfan, der noch etwas in seinem Berufsleben erreichen möchte, sollte diese Zustandsbeschreibung anspornen. Denn diese Argumente spielen ihm in die Hand. Mitarbeiter sparen durch den Einsatz von KI-Tools Arbeitszeit ein (siehe Kap. 6) und Führungskräfte Aufwand (siehe Kap. 2, Abschnitt 5: Betriebswirtschaftlicher Nutzen von KI-Tools). Am Ende verdienen beide mehr Geld für Ihr Unternehmen und schaffen eine gute Grundlage für Gehaltsverhandlungen oder den nächsten Karriereschritt.

Die Zeitersparnis haben wir für Sie beispielhaft durchgerechnet. In unserer Modellrechnung besteht ein Marketingteam aus zehn Mitarbeitern, so lässt es sich einfacher nachrechnen. Durchschnittlich spart jeder Mitarbeiter durch den Einsatz von KI-Tools zwischen 1 bis 2 Arbeitsstunden pro Tag ein. Das sind zwischen 5 und 10 Arbeitsstunden in der Woche oder 20 bis 40 Arbeitsstunden im Monat.

Autoren-Podcast

Künstliche Intelligenz im Marketing

Eine Einführung

https://t1p.de/re8y

Diese Werte multiplizieren sich dann in die nächsthöhere Dimension: 10 bis 20 Arbeitsstunden am Tag oder 200 bis 400 Arbeitsstunden im Monat. Rechnen wir eine Varianz von 20 Prozent für unvorhergesehene Zwischenfälle und rein analoge Arbeitsplätze aus den frei gewordenen Arbeitsstunden heraus, ergibt sich ein Produktivitätspotenzial von 16 Prozent für ein 10-köpfiges Marketingteam pro Arbeitsmonat. Das ergibt die Summe von 320 Arbeitsstunden.

Diese Arbeitsstunden könnten für weitere Marketingkampagnen, Qualitätsverbesserungen in Kundenbeziehungen und Kundengewinnungsmaßnahmen eingesetzt werden und somit den Erfolg des Unternehmens erhöhen. Der Einsatz von KI-Tools könnte Mitarbeiter von belastenden und eintönigen Routinetätigkeiten befreien. Die dadurch eingesparte Zeit ließe sich für Projekte nutzen, die eine längere Konzentration erfordern.

Als Führungskraft sollte Ihnen jetzt das Wasser im Munde zusammenlaufen. Doch wir verschweigen nicht die mächtigen Beharrungskräfte in Unternehmen. Mitarbeiter möchten oft lieber ...

- **so weiterarbeiten wie früher im Marketing vor X Jahren.**
- **ihre Teams mit langweiligen Jobs gezielt demotivieren und quälen.**
- **glauben, dass die Kunden auch morgen noch Ihre Vertriebstüren eintreten.**
- **hoffen, dass die Digitalisierung bald vorbeigeht.**
- **das Internet abstellen, damit endlich alles wieder so wird, wie es einmal war.**

Diese Einstellungen in Ihren unterschiedlichen Ausprägungen treffen nicht auf alle Mitarbeiter gleichermaßen zu. Gerade die jüngeren Mitarbeiter sind gegenüber neuen und arbeitsfördernden Technologien sehr aufgeschlossen. Sie bedürfen aber dringend der Führung von Älteren, um in die (digitale) Marketingwelt von heute tief eintauchen zu können.

Wir greifen in diesem Buch diese Herausforderungen auf. Vermutlich haben wir gemeinsam dasselbe Gefühl, einen sehr spannenden Pfad zu beschreiten. Doch diesen Pfad mögen nicht alle Mitarbeiter auf Anhieb gemeinsam gehen. In Kapitel 7 werden Peter und Anna für zwei gegensätzliche Welten Pate stehen:

Peter Manuell vertritt symbolisch die »alte Welt« (arbeitet analog OHNE KI-Tools) und Anna Automatik steht symbolisch für eine »neue Welt« (arbeitet digital MIT KI-Tools).

Gehen wir nun diesen spannenden Weg gemeinsam – mit diesem Buch und anschließend mit der **KI-TOOL-PARTY** live im Internet auf ki-toolparty.de.

Autoren-Podcast

Wird KI den Menschen ersetzen?

https://t1p.de/v92s

2. DAS SOLLTEN SIE ÜBER KI WISSEN

Warum?

Das Marketing verändert sich in diesen Zeiten spürbar – und das nicht erst seit der Covid-19-Pandemie. Welche Herausforderungen beschäftigen den Marketer heute und in Zukunft besonders? Die drei wichtigsten Themen sind:

1. Marketing wird immer mehr zum Motor für die Agilität von Unternehmen. Daher bedarf es einer Neudefinition der Bedeutung von Marketing im Unternehmen.
2. Die Rolle und der Einfluss des Marketeters verändern sich. Er wird zum Dirigenten eines crossmedialen Orchesters. Diese Rolle muss gestärkt werden.
3. Der Wert des Marketings für das Unternehmen verändert sich – nicht überall zum Positiven. Mit angepassten Strategien und deren Umsetzung wächst der Wert.

Wow. Erkennen Sie eine dieser Herausforderungen? Dann haben Sie die Zeichen der Zeit bereits erkannt.

Sind Sie grundsätzlich zufrieden und Ihr Geschäft läuft bestens? Wunderbar! Dann haben Sie in der Vergangenheit vieles richtig gemacht. Heute profitieren Sie von den Entscheidungen in der Vergangenheit.

Spüren Sie hier und da im Alltag, dass Sie die neuen technischen Entwicklungen nicht verstehen oder keine Einsatzmöglichkeiten identifizieren können? Dann sind Sie damit nicht allein. Dies äußern mehr als 50 Prozent ihrer Kollegen.

Sie möchten diese Lücken füllen und sich einen Vorsprung erarbeiten? Herzlichen Glückwunsch! Dann lassen Sie uns gemeinsam die Reise fortführen, damit Sie ...

1. Ihre Marketingorganisation auf Vordermann bringen.
2. Ihre Kompetenz als Marketingmitarbeiter und Ihre Rolle als Marketingleiter stärken.
3. neue Strategien definieren und diese umsetzen können.

Erfahren Sie, wie Sie Ihre Rolle als Marketer im Unternehmen stärken. Lassen Sie sich das Thema auf keinen Fall von ihren externen Agenturen oder Ihrem Chef aus der Hand nehmen. Werden Sie zum Akteur, werden Sie Chef und werden Sie zum Dirigenten eines intelligenten, smarten Marketingorchesters.

Autoren-Podcast

Zukunft im digitalen Marketing

Heilsbringer KI?

https://t1p.de/ku2j

Künstliche Intelligenzen regen unsere Fantasie an

Täglich überraschen uns technische Lösungen und Softwareanwendungen mit neuen Features. Diese Technologien funktionieren heute zuverlässig und die Benutzung wird für die Menschen immer intuitiver. Mit der Beschleunigung der digitalen Transformation während der Pandemie wurden Marketingtechnologien, insbesondere für den Handel in Form von virtuellen Kundenveranstaltungen, unabdingbar, um die Bedürfnisse der Kunden zu befriedigen.

Wie groß die Fantasie und die Erwartungen auf dieser Reise sind, verdeutlicht die Bewertung des Daten- und KI-fokussierten Unternehmens **DATABRICKS**. Dieses hat im September 2021 eine 1,6-Milliarden-Dollar-Investition bei einer Bewertung von 38 Milliarden US-Dollar erhalten. Das Unternehmen entwickelt »Delta Lake«, ein Open-Source-Projekt, das darauf abzielt, maschinelles Lernen und andere datenwissenschaftliche Anwendungsfälle zuverlässiger zu machen (Wilhelm/Miller 2021). Bekanntermaßen preisen Finanzmärkte in ihren Bewertungen zukünftige Geschäftserwartungen früh ein. Typisch USA. Dort haben Regierung (25 Prozent) und Privatwirtschaft (62 Prozent) KI-Projekte allein im Jahr 2016 mit 445 Mrd. Euro gefördert. Zum Vergleich: Deutschland stellt 5 Mrd. Euro bis 2025 bereit. Ein DATABRICKS ist an einer deutschen Börse wohl nicht zu erwarten (vgl. Groth/Nitzberg et al. 2018).

Die Gegenwart und die nahe Zukunft des Marketings erfordern ein hybrides Marketingorchester. Die Integration von Technologien in bisheriges Marketinghandeln wird Unternehmen erfolgreicher machen.

Ein Blick auf andere Kontinente liefert weitere Erkenntnisse. Der aktuell vorliegende Martech[2]-Report 2021/2022 (martechalliance 2021) zeigt die beiden wichtigsten Marketingfunktionen, auf die sich viele Marketingorganisationen aktuell konzentrieren:

1. Entwicklung einer digitalen Marketingstrategie (50 Prozent) und
2. Entwicklung von Business-Intelligenz (41 Prozent).

2 *Martech befragte weltweit Ihre Kunden. Das Unternehmen beschreibt sich selbst als eines der größten digitalen Marketing-IT-Unternehmen weltweit.*

Im März 2021 wurde ein Artikel zur »Zukunft im Marketing« veröffentlicht (Lembke 2021). Unter den zahlreichen Zuschriften fand sich die E-Mail eines früheren Studenten. Markus Wenta studierte vor zwölf Jahren »Digitale Medien mit Schwerpunkt Medienmanagement und Kommunikation« an der DHBW in Mannheim. Heute arbeitet er als Head of Performance-Marketing bei dem Berliner Unternehmen MAGIX Software.

Sein berufliches Dasein ist geprägt von zukunftsorientierten Erfahrungen: von der Integration neuer Technologien im Marketing über die Entwicklung von Business-Intelligenz-Strategien und dem Einsatz von KI-Tools bis zur Automatisierung von Marketingabläufen. Seine 10-jährigen Berufserfahrungen fasst er folgendermaßen kritisch zusammen:

»Smartes Marketingmanagement benötigt zuerst menschliche Intelligenz, um KI-fähig zu sein. Ich habe in allen Unternehmen in den letzten Jahren eine Fülle an Datensilos wahrgenommen. Diese entstanden aus einer Vielzahl unterschiedlicher Einzellösungen. Viele Entscheider haben zudem Schwierigkeiten mit dem Lesen und Interpretieren dargestellter KPI's, nicht nur im Umfeld der KI. In jeder meiner letzten Positionen benötigte es Stunden, um Führungskräften das Grundlagenwissen für die richtige Interpretation der Daten zu vermitteln. Es existiert in der Regel weder Wissen über den Ursprung der Daten noch über die zugrundeliegende Messtechnologie.

Liest ein Manager Berichte oder Auswertungen der ihm bekannten Tools, stellen diese Berichte eine unumstößliche Wahrheit dar und werden nicht weiter hinterfragt. Dies führt bei Unkenntnis des Datenursprungs schnell zu Fehlern. Dann wird die Anzahl der Gratis-Downloads von der Firmenhomepage auf einmal als Anzahl der Verkäufe interpretiert. Zudem mangelt es oft an Bewusstsein, dass jedes Tool nur einen Teil von Wahrheit liefert. Dazu drei Beispiele: In Google Ads attribuierte Sales stellen nicht die gesamte Customer Journey dar. Oft sind Metriken unvollständig, zum Beispiel demografische Daten in Google Analytics. Der Datenverkehr in Google Analytics bildet lediglich Schätzwerte ab. Versucht man ohne ausreichendes Hintergrundwissen oder geeignete Datenkonzepte diese unterschiedlichen Informationsquellen zu einem realistischen Bild zusammen-

zufügen, entstehen zunächst Missinterpretationen und schließlich Fehlentscheidungen.

Spricht man diese Komplexität an, steigen viele Entscheider und Geschäftsführer inhaltlich aus. Sie suchen ›einfache‹ Lösungen. ›Lass uns einfach unser Bestandssystem etwas erweitern. Dann sind wir schon einen Schritt weiter.‹ Oder: ›Kauf doch einfach Tool X/Y, die bringen schon KI mit.‹ Eine erfolgreiche Transformation hin zu einer kundenzentrierten Sicht und ›sauberen‹ Daten, die als Grundlage für KI gestützte Kalkulationen dienten, habe ich bisher nur einmal erlebt. Dies gelang uns, weil wir in einem Start-Up-ähnlichen Umfeld (sechs Personen und eine Entwickler-Agentur) alle Themen neu denken durften. Die ganze Business-Intelligence wurde auf einem weißen Blatt neu konzipiert und wir entwickelten neue Lösungen, frei von komplexen Freigabeprozessen. Die Erfolge waren enorm. Summa summarum identifizierte ich einen enormen Bedarf an Informationen, Aufklärung, Weiterbildung und Coachings für Führungskräfte und Mitarbeiter im Marketing sowie der nötigen Bereitschaft und dem nötigen Mut, Lösungen vollständig neu zu entwickeln.«

Markus' Beobachtungen sind an dieser Stelle (nur) eine Einzeldarstellung. Sie legen aber den Finger in die Wunde zwischen Anspruch und Wirklichkeit. Sie sind Ausdruck eines erheblichen Informations- und Unterstützungsbedarfs von Geschäfts- und Marketingleitungen.

Die Diskussion über KI in der deutschen Wirtschaft und auch im Mittelstand nimmt deutlich an Fahrt auf

Wir können Markus' Erfahrungen mit den unsrigen bei den Kunden bestätigen. Die Erwartungen an Künstliche Intelligenzen im Marketing sind sehr hoch. Das Vertrauen in Tools, die komplexe Probleme lösen sollen, verwischt die eigene Objektivität und die betrieblichen Realitäten. Peter Wason (1968) beschreibt diesen Zustand als »kognitive Verzerrung«, auch bekannt als *Bestätigungsfehler*. Darunter wird die Neigung von Menschen verstanden, Informationen so auszuwählen, zu ermitteln und zu interpretieren, dass diese die Erwartungen erfüllen und das persönliche Weltbild bestätigen. Umgangssprachlich wird der Bestätigungsfehler manchmal als »Wunschdenken« bezeichnet.

Der Bestätigungsfehler ist ein Erklärungsansatz, warum der digitale Reifegrad in Unternehmen häufig nur langsam angehoben werden kann. Es wird am Status quo festgehalten, weil der Erfolg aus dem bisherigen Handeln die Art und Weise des Denkens bekräftigt. Das geschieht mittels Hypothesen, wie Markus erfahren hat. Ein Beispiel: »Wenn eine Software ein Diagramm auswirft, dann ist das die Wahrheit.« Oder: »Wenn Onlinebesucher ein kostenloses Whitepaper von unserer Homepage herunterladen, sind das praktisch schon Kunden.« Bestätigungsfehler können zu einem selektiven und irreführenden Einsatz von Daten führen, indem sie eine bereits getroffene Entscheidung unterstützen.

Einen Bestätigungsfehler vermeiden Sie, indem Sie aktiv nach Informationen und Daten suchen, die mit einer bereits bestehenden Sichtweise nicht übereinstimmen, um aktuelle Überzeugungen konsequent zu aktualisieren.

Immer mehr Entscheider machen sich auf den Weg. Im Jahr 2021 setzten 8 Prozent der deutschen Unternehmen KI ein, im Jahr 2020 waren es noch 6 Prozent. Diese Tendenz zeigen die Umfrageergebnisse des Technologie-Transfer-Zentrums (ZZT) Günzburg für Big Data- und KI-basiertes Marketing[3] (vgl. Hammerschmidt/Kimpflinger 2021). Zwei wichtige Ergebnisse spiegeln ein aktuelles Bild auf die Erwartungen und die KI-Kompetenzen in mittelständischen Unternehmen.

Das erste Ergebnis lautet: Vier von fünf Mittelstandsunternehmen gehen davon aus, dass die Relevanz von KI in mittelfristiger Zukunft kontinu-

[3] *Für die Beschreibung eines ersten Status quo über die aktuelle KI-Nutzung von Unternehmen in der Region Schwaben haben Forschende des Zentrums im Dezember 2020 und Februar 2021 72 Unternehmen per Telefon- und Mailinterview befragt. Erhoben wurden die gegenwärtige Einschätzung und Anwendung von KI-Tools wie auch die mittelfristigen Planungen der Unternehmen.*

ierlich zunehmen wird. Die Verantwortlichen in Vertrieb und Marketing schätzen den Nutzen hoch bis sehr hoch ein.

Unternehmen, die bereits mit Künstlicher Intelligenz arbeiten, möchten den Einsatz ausweiten. Unternehmen mit weniger als 50 Mitarbeitenden sind bereit, ihr Marketing und ihren Vertrieb mit KI auszubauen.

Das zweite Ergebnis: 80 Prozent der Unternehmen scheuen sich vor der Einführung von Künstlicher Intelligenz, weil ihnen offensichtlich das nötige Wissen über das Potenzial und die Einsatzmöglichkeiten fehlt. Stattdessen nutzen etliche Unternehmen fertige Lösungen von Fremdanbietern, etwa in Form von Add-ons. Sie sehen keine Notwendigkeit, selbst aktiv zu werden, wenn es bereits kleine fertige Lösungen gibt (vgl. Hammerschmidt/Kimpflinger 2021).

Einen überregionalen Blick liefern die Studienergebnisse des größten Digitalverbandes Bitkom bei seinen Mitgliedern. Bitkom-Präsident Achim Berg sagt (2021): »Das Thema steht auf den Agenden in den Geschäftsleitungen und Marketingorganisationen. Es werden Einsatzszenarien diskutiert oder konkret für die nächsten drei Jahre geplant« (siehe Abbildung 1).

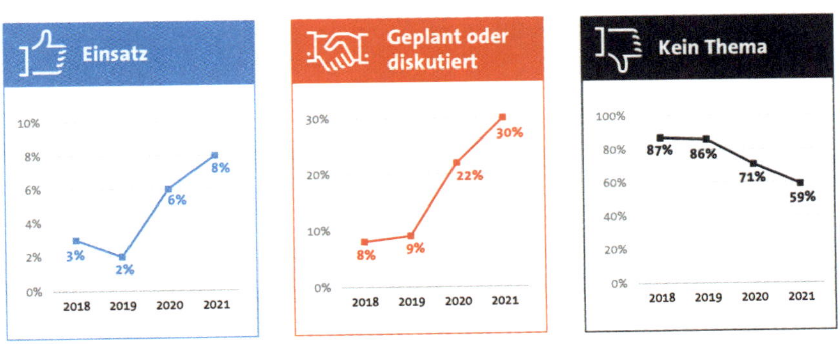

Abbildung 1: KI nimmt in deutschen Unternehmen Fahrt auf. Quelle: Berg (2021)

Jetzt ist Ihre Entscheidung gefordert

Marketers waren stets die Gesichter eines Unternehmens für Kundenorientierung, Innovation und die Einführung neuer Kommunikationskanäle. Die Unterbrechung durch die Covid-19-Pandemie hat Geschäftsleitungen und Unternehmensleiter dazu veranlasst, ihre Prioritäten neu zu bewerten und organisatorische Verantwortlichkeiten neu zu definieren. Das kundenorientierte, digitale Geschäft wurde zum organisatorischen Imperativ erklärt.

Geschäftsleitungen übernehmen das Feld des digitalen Wachstums, das bisher den Marketers vorbehalten war. Marketer sollten die Verantwortung für digitale Initiativen annehmen. Die Chancen, mit neuen Technologien das Marketing und seine Leistungen im Unternehmen zu positionieren, sind hervorragend.

Die Gartner-Umfrage (Gartner 2021) deckt auf, dass die Themen Kundenerfahrung (CX) und digitaler Handel heute nicht mehr zu den Prioritäten des Marketings gehören. Viele Geschäftsleitungen erklärten das Digitalthema zu ihrer Priorität. Marketers schauten lediglich dabei zu und gaben so ungewollt Verantwortung ab. Die Umfrage bestätigt dies anhand von Kürzungen der Marketingbudgets, während die Investitionen von digitalen Geschäftsprogrammen erhöht wurden.

Technologie als Grundlage für das neue Marketingorchester

Viele Marketer drohen deshalb auf die Stufe des Verwalters abzurutschen. Gleichzeitig wächst der exogene Druck von Kunden, Zulieferern, Einkäufern und einer weltweiten potenziellen Kundschaft. Besonders der mittlere und gehobene Mittelstand spürt die Zunahme an Marktdynamik deutlich. Amazon.de ist für Kunden zur neuen Suchmaschine aufgestiegen. Einkaufsportale, Unternehmenswebseiten und die sozialen Medien hangeln sich zum Standard im B2B empor. Einkäufer prüfen im Internet Reputation, Marktfähigkeit und Vertrauenspotenzial von Angeboten.

»Vor diesem Hintergrund setzen immer mehr Unternehmen und Marketingorganisationen KI ein«, präsentierte im April 2021 Bitkom-Präsident Berg (2021). Künstliche Intelligenzen steuern dort 71 Prozent der personalisierten Werbeansprache. Zur Verbesserung des Kundendienstes tragen sie 63 Prozent bei und sind bei der Analyse des Kundenverhaltens zu 53 Prozent involviert. Die Umfragen können nicht beschönigen, dass seit Jahren das analoge und das digitale Marketing um ihre Bedeutung kämpfen. Dieser Kampf wird keinen Sieger hervorbringen. Erfolgsversprechend kann nur eine integrative Strategie sein: das neue »Marketing Orchester«. Im Musikgraben des Konzerthauses befinden sich unterschiedliche Instrumente und Musiker. Gemeinsam mit dem Dirigenten erzeugen sie aus den einzelnen Instrumenten (Tools) Resonanz. Jeder Musiker hat eine bestimmte Rolle und beherrscht ein bestimmtes Tool. Der Dirigent fügt Rollen und Tools geschickt zusammen, interpretiert die Partitur (Strategie) und bringt das Marketingorchester zum Wohlklang (Erfolg). Die Zuhörer (Kunden) applaudieren und empfehlen das Stück (Produkt) weiter.

Müssen wir alle radikal disruptiv denken?

Disruption macht auch vor dem Marketing nicht Halt. Der »Neue-Denken-Schrei« ist durch Silicon-Valley-Produkte wie UBER und AIRBNB populär geworden. Allein mit Technologie ließen sich – so das Mantra der dort beherbergten IT-Industrie – Märkte, Branchen, Unternehmen und Marketingorganisationen revolutionieren; stets mit Blick auf das Umkrempeln existierender Märkte, wie wir es im Taxi- und Hotelgewerbe beobachten können. Disruption als Treiber der Macher der digitalen Wirtschaftswelt spricht die Sehnsucht nach Skalierung von Geschäftsmodellen und Prozessen an.

Dieses Mantra jedoch in die Unternehmenswirklichkeit zu übertragen und konkret im Management zu operationalisieren, erfordert neben einem überdurchschnittlich hohen Reifegrad von Organisationen und Menschen ausgeprägte digitale Kompetenzen und eine Mentalität für Wachstum und Veränderung von Führungskräften und Mitarbeitern. Reifegrad und Wachstumsmentalität befinden sich in vielen deutschen Unternehmen noch in einem Dornröschenschlaf.

In Deutschland diskutieren Marketer rege, ob die Disruption ein gangbarer Weg sein kann. Die meisten Unternehmenslenker sind überzeugt: Analoges Marketing, wie es bisher funktionierte, ist erfolgreich. Man müsse lediglich an kleinen Schrauben drehen, um mit der Gegenwart zurechtzukommen (vgl. Lembke 2020).

The winner wins many things but not everything

Besonders in Deutschland stehen wir noch am Anfang dieser Diskussion. »Wir sehen diesen ›Winner-take-most‹-Effekt«, sagt Brynjolfsson, »bei dem einige wenige Firmen die Einführung dieser Technologien dominieren und die größten Gewinne daraus ziehen.« (Tambe 2020). Er ist einer der Studienautoren des National Bureau of Economic Research in Cambridge.

> »Das wesentliche Unterscheidungsmerkmal zwischen den digitalen Habenden und den Habenichtsen ist die Bereitschaft der Führungskräfte, neue Technologien zu nutzen.«
>
> *Erik Brynjolfsson*

Informationstechnologien schaffen Unternehmenswerte. Je mehr digitales Kapital ein Unternehmen aufgebaut hat, desto größer sind die Produktivitätsgewinne, die es innerhalb von drei Jahren erzielen wird. »Das gilt quer über alle Branchen«, betont Erik Brynjolfsson.

Megatrends im Marketing der Zukunft

Bleibt Künstliche Intelligenz also nur ein Thema für die »First-Mover«-Unternehmen, die in der Vergangenheit über Jahre ihr digitales Kapital aufgebaut haben? Was ist mit den vielen Mittelstandsunternehmen in Deutschland, über die Außenstehende urteilen, sie hätten diesen Zug längst verpasst? Das haben sie nicht! Sie wissen nur zu wenig über Einsatzfelder und pragmatische Technologien.

Dazu gibt eine Umfrage der Wirtschaftsprüfungsgesellschaft KPMG Auskunft: Viele Mittelständler stufen ihr Wissen über Künstliche Intelligenz (KI) als vergleichsweise gering ein. Dementsprechend verbreitet ist die Skepsis bezüglich des Einsatzes von KI-Anwendungen. Auch die Umfrageergebnisse von Tambe (2020) lenken in diese Richtung: Nur 28 Prozent der Befragten äußern ein generelles Vertrauen in KI. »Die Umfrage zeigt, dass die Akzeptanz von Künstlicher Intelligenz maßgeblich vom *Vertrauen* und einem konkreten *Mehrwert der Anwendungen* abhängig ist«, erklärt Dirk Distelrath, Director im Bereich Consulting von KPMG (2021).

Diesen Umfrageergebnissen stehen die Potenziale der Technologien gegenüber. Der »Gartner-Hype-Zyklus für digitales Marketing« (aus dem Jahr 2021) veranschaulicht, dass das KI-Thema in den letzten 12 Monaten in der Wirtschaft deutlich nach oben gewandert ist (siehe Abbildung 2, Gartner 2021). Die grafische Darstellung zeigt die Trends, die in den nächsten zwei bis fünf Jahren praktische Realität werden:

1. Visuelle Suche von Produkten
2. Digitale Medienprodukte
3. Konversations-Marketing
4. Standortintelligenz
5. Analyse von Kunden auf mobilen Endgeräten

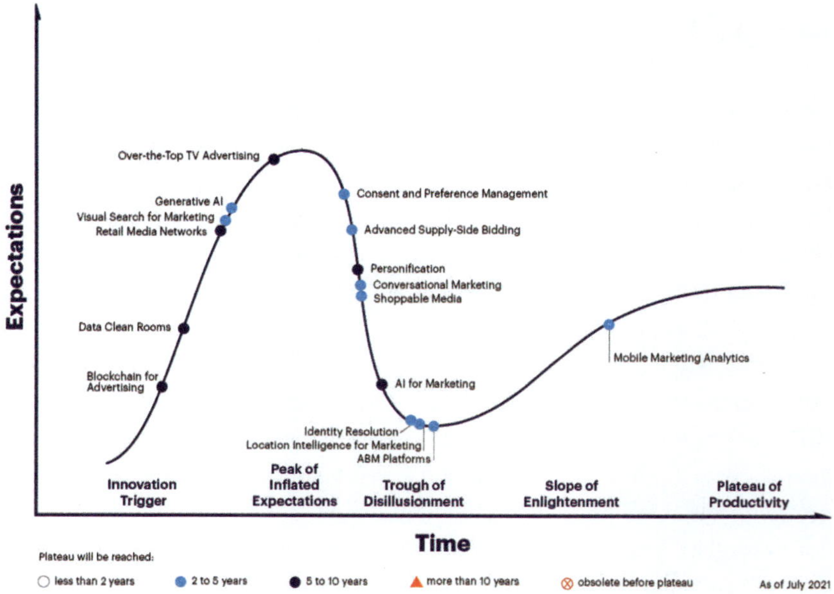

Abbildung 2: Gartner-Hype-Zyklus für digitales Marketing 2021. Quelle: Gartner (2021)

Jeder Einzeltrend hat etwas mit KI und Clouds zu tun. Sie werden in Zukunft die Unternehmensstrukturen und die Wertschöpfung für die Kunden verändern.

Drei wesentliche Megatrends können wir identifizieren. Diese haben wir aus den zahlreichen Einzeltrends aggregiert. Sie veranschaulichen, wie die Technologien die Art der Organisation und unser Denken und Handeln verändern werden. Es handelt sich dabei um »verteilte Unternehmen«, »Hyperautomation« und »Vertrauen«.

Megatrend 1: Verteilte Unternehmen – Mehrwert der Anwendungen

Der Gartner-Hype-Zyklus für Künstliche Intelligenz zeigt das Engagement vieler Unternehmen während der Covid-19-Pandemie. Trotz der globalen Auswirkungen von Covid-19 blieben 47 Prozent der Investitionen in Künstliche Intelligenz (KI) seit Beginn der Pandemie unverändert und 30 Prozent der Unternehmen planen laut einer Gartner-Umfrage tatsächlich, diese Investitionen zu erhöhen. Nur 16 Prozent setzten KI-Investitionen vorübergehend aus und nur 7 Prozent haben sie reduziert (Goasduff 2020). Die Potenziale von KI haben die Unternehmen weltweit längst erkannt und rutschen in den Besprechungsagenden immer häufiger nach oben.

Covid-19 hatte zur Folge, dass Unternehmensstrukturen in den Unternehmen in vielen Teilen radikal überdacht wurden. Die Erkenntnis in der Breite der Wirtschaft: Arbeitsplätze können geografisch weit auseinander liegen. Das Einrichten und der Betrieb der neuen Arbeitsplätze sind die eine Seite der Medaille. Die andere Seite zeigt die Auswirkungen auf die Geschäftsmodelle. Für jedes Unternehmen musste das Wertschöpfungsmodell und das Bereitschaftsmodell für die Ressourcen neu konfiguriert werden. Die Welt hätte 2019 nie gedacht, dass man neue Kleidung in einer digitalen Umkleidekabine anprobieren würde.

Das Prinzip des »verteilten Unternehmens« wurde bereits in den 1970er-Jahren mit den »verteilten Computern« verfolgt. Damals wurde damit der Grundstein für die heutigen Client-Server-Architekturen gelegt. Verteilte Unternehmen basieren auf einem Eco-System, das eine Brücke zwischen der IT-Welt und der Business-Welt baut. Dieses richtet die interne Organisation und die Wertschöpfung (hybride Arbeit) an ihren Kunden aus. Verteilte Unternehmen können auf eine dauernde Büropräsenz und einen starren physischen Hauptsitz verzichten, sofern sie den Bedarf ihrer Kunden befriedigen können. Die Bereitstellung der neuen Arbeitsplätze lässt sich hybrid organisieren.

Die technischen Anwendungen müssen dem Kunden einen Mehrwert generieren – sonst sind die nutzlos. Nur dadurch verändern sich Geschäftsmodelle. Kunden benötigen individualisierte, datenbasierte Informationen und Anwendungen, die cloudbasiert und datensicher sind.

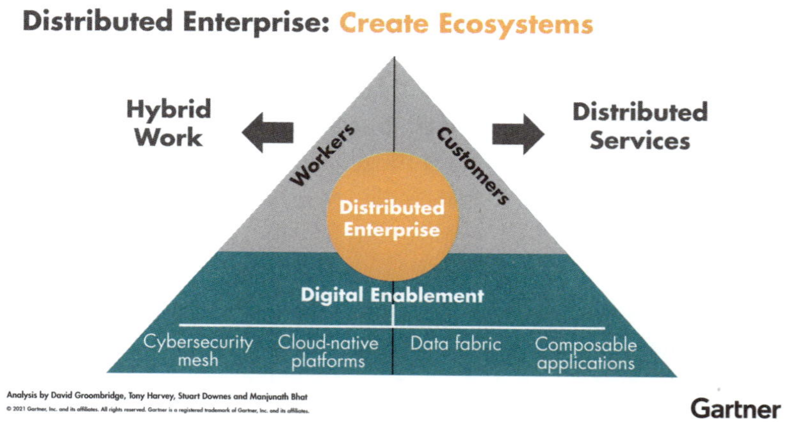

Abbildung 3: Das verteilte Unternehmen. Quelle: Gartner (2020)

Megatrend 2: Hyper-Automatisierung

Hyper-Automatisierung ist ein Oberbegriff, unter dem Gartner verschiedene Tools, Methoden und Plattformen vereint. Dazu gehören unter anderem No-Code- und Low-Code-Anwendungsentwicklungen, Process-Mining-Tools sowie die neuen IoT- und Integrations-Plattformen.

Maßnahmen zur Hyper-Automatisierung verfolgen drei Ziele:

1. Verbesserung der Arbeitsqualität
2. Beschleunigung von Geschäftsprozessen (und mehr Agilität)
3. Verbesserung der Entscheidungsfindung.

Diese Ziele sind stets komplementär. Sie bedingen einander. Je nach Reifegrad des Marketings initiieren sie Denkimpulse für die betriebswirtschaftliche Nutzung digitaler Medien und neuer Technologien. Als typisches Beispiel dienen Produktion und Verwendung von Bildern und Videos für Postings in sozialen Kanälen. Oft werden kostenfreie Stockfotos eingesetzt, die in der Internetwelt jedoch vielfach anzutreffen und austauschbar sind. Sie erzeugen daher kaum Aufmerksamkeit und keine Handlung bei potenziellen Kunden.

Automatisierung ist nicht Selbstzweck, sondern richtet sich nach dem Nutzen für den Kunden.

Mit Produkten aus KI-basierten Bilderdatenbanken und automatisierten Anwendungstools können Sie die Aufmerksamkeit Ihrer Kunden schon erhöhen. Auch die Arbeitsqualität wird durch hochwertige und einmalige Fotos und Bilder deutlich verbessert. Dies gelingt zunächst mit ausgewählten KI-Tools und schließlich mithilfe automatisierter Arbeitsprozesse für die Bild- und Videoverarbeitung. Bei wiederholter Anwendung werden die Arbeitsprozesse beschleunigt, sodass in *kürzerer Zeit mehr Kundenresonanz* durch eine höhere Arbeitsqualität geliefert werden kann. In Kapitel 4 finden Sie konkrete Use Cases für dieses Beispiel (zum Beispiel Use Case 12).

Megatrend 3: Ethisches Denken und Handeln – Vertrauen schaffen

Nach Gartners Prognosen wird in den nächsten 5–10 Jahren das Thema »Künstliche Intelligenz im Marketing« von der Phase »Höhepunkt der überhöhten Erwartungen« in die Phase »Tal der Enttäuschung« gleiten. Als Grund führt der Gartner-Analyst und -Marketingexperte Mike McGuire an, dass vor allem im nichteuropäischen Wirtschaftsraum »die Nachfrage nach einem ethischen Umgang mit Kundendaten zunehmen wird, da das Vertrauen der Verbraucher sinkt«.

Eine Ursache dafür liegt in den Unternehmen. Mitarbeiter hegen Misstrauen gegenüber digitalen Medien und neuen Technologien, das sich mit der Zeit zur Angst entwickelt. Die »Corporate Digital Responsibility« (CDR) subsumiert Denkweisen, die Unternehmen helfen, nachhaltig und verantwortungsvoll mit den Chancen und Risiken neuer technologischer Möglichkeiten umzugehen. Das bedeutet konkret, dass diese Ängste auf die Managementagenda gesetzt werden. Schließlich ist es für das Kundengeschäft besonders wichtig, Vertrauen zu seinen eigenen Mitarbeitern zu pflegen, das wiederum auf die Wahrnehmung der Kunden ausstrahlt.

Es gibt KI-Tools, die Daten von Kunden im Internet sammeln, und es gibt Tools, die operative Arbeitsprozesse automatisieren. Für beide Anwendungsbereiche ist ein vertrauensvoller Umgang der alles entscheidende Erfolgsfaktor.

Summa summarum gilt: KI-Tools befreien nicht vor der ethischen Herausforderung des vertrauensvollen Umgangs mit Daten und Informationen.

Kennen Sie Ihren digitalen Reifegrad?

Potenziale aktiv ausschöpfen mit der Bestimmung des Reifegrades

Gießen Sie KI-Tools nicht einfach mit der Gießkanne über Ihr Unternehmen. Bevor Sie die richtigen KI-Tools auswählen und die Potenziale ausschöpfen, hilft eine Bestimmung Ihres Reifegrades. Der Reifegrad ist der Sammelbegriff aller existierenden digitalen Kompetenzen in Ihrer Marketingorganisation. Er umschreibt die Anzahl der eingesetzten Tools, die Qualität und Tiefe deren Nutzung und die Fähigkeiten der Mitarbeiter, relevante KI-Tools auswählen und betriebswirtschaftlich zielführend einsetzen zu können.

Für den ersten Zugang zur Bestimmung des eigenen Reifegrades stellen Sie sich folgende Einstiegsfragen:

- Wo sehen Sie Ihre Abteilung in der Anwendung von intelligenten Technologien?
- Wie viele Mitarbeiter besitzen anwendungsfähige Digitalkompetenzen?
- Welche Ziele verfolgen Sie mit der Anwendung von KI kurz-, mittel- und langfristig?

Es existieren zahlreiche Ansätze, den Reifegrad für KI in Unternehmen zu beschreiben, zum Beispiel mit dem »Digital Marketing Capability Model« (Chaffey 2019). Wir nutzen die Impulse des deutschsprachigen Entwicklungsunternehmens Statworx aus Frankfurt am Main (Klauke/Heinz 2021). Aus den dort aufgeführten sechs Dimensionen entwickelten wir konkrete Handlungsfelder. Aus diesen Handlungsfeldern formulierten wir schließlich Empfehlungen für die Marketingorganisation.

Kreuzen Sie den digitalen Reifegrad ihrer Marketingorganisation an

(1) **Datenkomplexität:** Können Sie die Menge an existenten Daten im Marketing einschätzen?
sehr gut 5 ❑, gut 4 ❑, befriedigend 3 ❑,
ausreichend 2 ❑, mangelhaft 1 ❑

(2) **Use Cases:** Sind Ihnen die Einsatzfelder für KI-Tools bereits bekannt?
sehr gut 5 ❑, gut 4 ❑, befriedigend 3 ❑,
ausreichend 2 ❑, mangelhaft 1 ❑

(3) **Infrastruktur:** Setzen Sie KI-Tools bereits gezielt zur Automatisierung einer Aufgabe ein?
sehr gut 5 ❑, gut 4 ❑, befriedigend 3 ❑,
ausreichend 2 ❑, mangelhaft 1 ❑

(4) **Organisation:** Organisieren Sie mehrere KI-Tools für mehrere Aufgaben?
sehr gut 5 ❑, gut 4 ❑, befriedigend 3 ❑,
ausreichend 2 ❑, mangelhaft 1 ❑

(5) **Team und Skills:** Wie schätzen Sie die digitalen Kompetenzen in ihrem Team ein?
sehr gut 5 ❑, gut 4 ❑, befriedigend 3 ❑,
ausreichend 2 ❑, mangelhaft 1 ❑

(6) **Governance:** Gehen Sie mit Kundendaten vertrauensvoll um?
sehr gut 5 ❑, gut 4 ❑, befriedigend 3 ❑,
ausreichend 2 ❑, mangelhaft 1 ❑

Addieren Sie die sechs Werte und bilden Sie den Mittelwert. Die Dezimale runden Sie ab oder auf. Das Ergebnis bestimmt ihren Reifegrad, den Sie Abbildung 4 entnehmen können.

Autoren-Podcast

Wie erhöhe ich den Reifegrad?

Tipps für den Mittelstand

https://t1p.de/5xqz

Im zeitlichen Verlauf und ausgehend von unterschiedlichen Ausgangsniveaus durchläuft eine Marketingorganisation grundsätzlich fünf aufeinander aufbauende Reifegrade.

Abbildung 4: Reifegrad für Marketing-Organisationen. Quelle: eigene

Am Beispiel des E-Mail-Versands von Newslettern lassen sich diese fünf aufeinander aufbauenden Entwicklungszustände veranschaulichen.

Im untersten Reifegrad (1) INTERESSIERT findet keine oder nur eine unbewusste Verwendung von KI-Tools statt. Ein einfaches Beispiel sind Newsletter-Versandtools. Daten werden gesammelt, eine Textvorlage erstellt und diese mit den Daten verbunden. Das Einleiten des Versandes erfolgt manuell, der Versand schließlich automatisch.

Der zweite Reifegrad (2) IMPULSIV zeigt sich durch einen bewussten Einsatz mindestens eines ausgewählten KI-Tools in mindestens einem Use Case. Daten werden qualifiziert und segmentiert, ein Use Case wird systematisch ausgewählt und optimiert. Ein Beispiel: Daten in Form von Kontaktadressen werden in Segmente sortiert, neue Informationen von der letzten Messe werden hinzugefügt. Das können (a) Präferenzen von aktuell erhobenen Interessen sein. Die persönliche Ansprache per Sie oder per Du erhöht (b) noch zusätzlich den personalisierten Versand.

Eine Marketingorganisation im dritten Reifegrad (3) PRAGMATISCH nutzt mindestens ein KI-Tool für einen ausgewählten Use Case und hat mit diesem Tool den Bearbeitungsprozess automatisiert. Die Aufgaben sind in der Organisation und in dem Prozess der Kundengewinnung durch E-Mail-Newsletter verankert. Unser Beispiel: Mitarbeiter qualifizieren jeden Freitag Vormittag regelmäßig Daten und verbessern die Datenqualität im E-Mail-Newsletter-Tool. Die KI reorganisiert die Segmente und die Informationen automatisch. Alle Mitarbeiter des Unternehmens haben Zugriff auf diese Daten und arbeiten neue Informationen der Reihe nach ein. Der Prozess der Datenpflege ist fest definiert und im gesamten Unternehmen bekannt. Die Leadgewinnung ist in der Struktur durch Standardisierung dieses Prozesses verankert.

Für den Reifegrad (4) INTEGRIERT gilt Reifegrad (3) zusätzlich weiterer KI-Tools auf mehrere Prozesse. Es werden mehrere KI-Tools für mehrere Prozesse kombiniert eingesetzt. Die Aneinanderreihung von KI-Tools führt zu einer (fast vollständigen) Automatisierung mindestens eines Prozesses, idealerweise mehrerer Prozesse. Unser Beispiel: Die Erfassung und Qualifizierung von neuen Kundendaten erfolgt automatisiert durch den Einsatz mehrerer KI-Tools. Ein KI-Tool sucht Kontaktdaten von Homepages aus einem relevanten Segment, ein zweites fügt diese Daten in Ihr bekanntes Mailingprogramm ein, das dritte KI-Tool segmentiert die Daten nach vorher festgelegten Regeln. Diese Logik wird eingesetzt für weitere Marketing-Prozesse. Die Einbindung eines existierenden Customer-Relationship-Management (CRM)-Systems erfolgt nach demselben Muster.

Der höchste Reifegrad (5) TRANSFORMATIV beschreibt eine »transformative Marketing-Organisation«. In dieser Marketingabteilung sind mehr als die Hälfte der Kernprozesse automatisiert. Die im Reifegrad (4) formulierte Logik wird auf weitere Marketingprozesse angewandt. Die Skalierung der Logik innerhalb der Organisation erfolgt durch konsequent angewandtes technisches Prozessdenken von der Führung und den Teams. Eine überwiegende Zahl der Mitarbeiter setzt KI-Tools für die Erfüllung ihrer Aufgaben ein. Sie nutzen täglich die digitalen Technologien und neue digitale Medien für das Unternehmenswachstum. Ein reflektierter Umgang mit Algorithmen führt bei Entscheidern und Team zu stetigem Produktivitätszuwachs.

Betriebswirtschaftlicher Nutzen von KI-Tools

Gibt es einen Zusammenhang zwischen Reifegrad (KI-Tools) und betriebswirtschaftlichen Effekten? Die Antwort lautet: ja. Dies differenzieren wir in monetären, psychologischen und humanen Nutzen. Der Nutzen unternehmerischen Wirtschaftens sollte stets auch gesellschaftlicher, sozialer und psychologischer Art sein. Mitarbeiter profitieren schon allein psychologisch von einer sicheren und beruflichen Heimat. Der Grad des allgemeinen Wohlbefindens beeinflusst nicht nur die Zufriedenheit der Mitarbeiter, sondern auch die Produktivität und die Kundenzufriedenheit (Makridis/Mishra 2020).

Sicherheit und Wohlbefinden sind zunächst qualitative Werte, die nicht als Bilanzposten in einer finanzwirtschaftlichen Bilanz auftauchen. Wir wissen aber aus Forschungsergebnissen, dass der Erfolg eines Unternehmens nicht ausschließlich durch Optimierung der finanzwirtschaftlichen Zahlen erfolgt. Qualitative Werte wie Mitarbeiterzufriedenheit, Kundenzufriedenheit und ein ausgewogenes Aufwands-Nutzenverhältnis mögen lediglich als Mittel zum Zweck dienen. Doch Mitarbeiter und Führungskräfte bleiben dadurch nicht nur gesund, sondern fühlen sich an das Unternehmen länger gebunden. Dies bringt schließlich positive Effekte auf den Erfolg eines Unternehmens. Tauchen wir im Weiteren tiefer in den Zusammenhang ein.

Künstliche Technologien sind Kerntreiber für betriebswirtschaftliches Wachstum.

Ergebnis 1: Investitionen in KI-Technologien und -Tools wirken sich auf den Umsatz aus.

Dieses Studienergebnis hat das Technologie-Analystenunternehmen »Valoir« in seinem September-Report 2021 veröffentlicht (Valoir 2021). Ihm entnehmen wir drei Haupttreiber für mehr Umsatz:

1. Die Automatisierung von Vertriebs- und Marketingprozessen
2. Der Einsatz datengestützter Entscheidungen
3. Die Fähigkeit, neue Produkte oder Dienstleistungen anzubieten

Die Studie hatte nicht nur Marketingmitarbeiter befragt. Umso überraschender ist es, dass diese drei Kerntreiber eindeutig originären Marketingfunktionen zugeschrieben werden.

Künstliche Intelligenz ist in vielen deutschen mittelständischen Unternehmen noch in einem frühen Stadium ihrer Entwicklung. Trotzdem: Der Einsatz lohnt sich.

Forscher verschiedener renommierter US-amerikanischen Universitäten haben errechnet, wie sich KI-Investitionen auf das Jobwachstum und die Branchenkonzentration auswirken. Anhand von KI-bezogenen Stellenausschreibungen und Online-Lebensläufen hat das Team um Tania Babina (Babina et al. 2021) untersucht, wie sich die Technologie auf Produktivität, Umsatz und Beschäftigung bei börsennotierten Unternehmen auswirkt.

Ergebnis 2: Unternehmen, die mehr in KI investieren, erreichen ein schnelleres Wachstum bei Umsatz und Beschäftigung.

Unternehmen, die in KI investieren, verzeichnen zwar nicht in allen Prozessen einen Produktivitätszuwachs, wachsen aber durch ein erweitertes Produktangebot und eine geografische Expansion. Je größer das Unternehmen ist, desto höher fällt der KI-Anteil aus. Babina und Kollegen sprechen von einer »Winner-take-most«-Dynamik (Babina et al. 2021). Der »Winner-take-most«-Effekt gilt für Mittelstandsunternehmen gleichermaßen als Erfolgsmuster. Während die Wettbewerber in niedrigeren Reifegraden noch diskutieren und experimentieren, kann sich die Marketingorganisation mit höherem Reifegrad von Wettbewerbern bereits absetzen und die wirtschaftlichen Effekte als Erste abschöpfen.

Kleine Unternehmen mit geringen Budgets werden nicht das gleiche Ergebnisniveau erzielen wie Google oder Amazon. Aber sie platzieren sich in Ihrem Wettbewerb als »First Mover« und profitieren vom »Winner-take-most«-Effekt.

Dies deutet darauf hin, dass eine positive Korrelation zwischen dem digitalen Reifegrad der Marketingorganisation des Unternehmens und dem Margenwachstum existieren könnte. Babina (Babina et al. 2021) bestätigt, dass Unternehmen mit einem höheren Reifegrad ihre Margen um fast 10 Prozent steigern. Wie machen Sie das? Sie nutzen digitale Technologien, um neue Geschäftsmodelle – hauptsächlich das Produktangebot weiterzuentwickeln – und ihre Kosten zu senken. Die Kostensenkungen durch die Automatisierung interner Prozesse wirken sich vorrangig auf das Margenwachstum aus. In der industriell geprägten Wirtschaft tritt dies signifikant in der Fertigung auf. Auch Cloud-Technologien ermöglichen nicht nur den Zugang zu KI-basierten Prozessen, sondern senken zudem die Kosten.

Dazu liefert Babina (Babina et al. 2021) eine interessante Empfehlung. Sie schlägt im Rahmen geplanter KI-Investitionen fokussierte Maßnahmen für das Humankapital vor. Die Investition in Personal mit technischem Verständnis liefert nutzwertige Impulse für das operative und strategische Marketing. Mitarbeiter-fokussierte Maßnahmen tragen maßgeblich dazu bei, die technische Kernkompetenz des Unternehmens zu erhöhen. Das gilt sowohl für das Recruiting als auch für die Personalentwicklung. Das ist Grund genug, dieses Thema in einem separaten Kapitel zu vertiefen (siehe Kap. 5).

Die drei wichtigsten Tool-Trends

Der KI-Tool-Markt im Überblick

Dieser Abschnitt beschreibt die drei Tool-Trends für das Marketing:

- **Trend 1 – Microservice-Tools**
- **Trend 2 – NoCode-Low-Code-Tools**
- **Trend 3 – Automatisierungstools**

Werfen wir zunächst einen groben Blick auf den KI-Tool-Markt. Erinnern Sie sich an die persönlichen Herausforderungen eines Marketers und die Darstellung von Markus auf Seite 12? Die Wenigsten haben in Unternehmen einen Überblick über diesen intransparenten Markt an Software- und Hardwarelösungen. Schließlich werden die meisten Anwendungen nicht mehr auf dem eigenen Rechner betrieben. Vor allem KI-Tools werden in Portale auf cloudbasierten SaaS-Servern (Software as a Service) oder als Browser-Plug-ins betrieben.

Alle drei Trendlösungen werden häufig gemeinsam in Portale zusammengefasst. Aktuell lassen sich drei Portaltypen beobachten.

Erstens werden sehr viele KI-Anwendungen auf Portalen gesammelt, beschrieben und verlinkt (Beispiel: https://topten.ai).

Zweitens integrieren zahlreiche KI-Tools einfache Unterstützungsanwendungen in einem Anwendungsportal mit nur einem Login (Beispiel: Copy.ai). In diesem Portal führt der Marketer diverse Aufgaben mithilfe Künstlicher Intelligenzen aus. Dort werden automatisiert Texte für die Homepage erstellt, Ideen für Social-Media-Posts generiert oder ein neuer Produktname vorgeschlagen.

Drittens gibt es spezielle Micro-Service-Portale (Beispiel: Zapier.com). Sie bestehen aus zahlreichen Micro-Service-Anwendungen, die aufgrund ihrer anschlussfähigen Schnittstellen miteinander kommunizieren können. Der Datenaustausch kann dadurch über solche Plattformen nach den eigenen Bedürfnissen organisiert werden. Die Portalbetreiber suchen schließlich Anwendungen nach passenden Schnittstellen aus. Eine native Desktop-Anwendung wie etwa die Textverarbeitung »Word« von Microsoft besitzt zum Beispiel keine offenen Schnittstellen und kann daher nur sehr beschränkt mit neueren Anwendungen kommunizieren.

Dieser Portalmarkt ist in den letzten drei Jahren stark angewachsen. Der US-amerikanische MIT-Absolvent der Harvard Universität, Unternehmer und Agenturlenker Scott Brinker (2021) erstellt seit 2011 die viel beachtete »Marketing Technology Landscape Supergraphic«. Darauf werden die wichtigsten digitalen Tools für das Marketing dargestellt und strukturiert. Die in Buchform unlesbare Grafik können Sie mit diesem Link **https://t1p.de/l5hp8 oder QR-Code** betrachten.

In Deutschland werden seit 2021 im *TOOLOMAT* (https://toolomat.de) bekannte Tools durch einen Algorithmus nach ihrem praktischen Nutzen bewertet. Weiteren Zugang liefert die Plattform der Organisatoren des Online-Marketing-Rockfestivals (OMR 2020, https://omr.com/de/reviews). *OMR* möchte nach eigenen Auskünften auf folgende Fragen Antworten geben: Welches E-Mail-Marketing-Tool passt am besten zu meinen Bedürfnissen? Mit welcher Software lassen sich Social-Media-Konten verwalten? Wie bekomme ich ein Product-Feed-Management in den Griff? (OMR 2020). Der Suchende findet eine hohe Anzahl an Tools vor, ähnlich einem Katalog.

Auf dem amerikanischen Portal *Product Hunt* gibt es seit 2013 noch mehr: 150.000 Produkte, darunter Apps und Gadgets sowie die neuesten Tools von Start-ups (Product Hunt 2021). Die Betreiber senden über eine E-Mail-Liste täglich die Top-Tech-»Hunts« (Produkte) an die Abonnenten, die so manche Inspiration liefern.

TREND 1 – Mit Microservice-Portalen die digitale Kommunikation verbessern

Digitale Anwendungen wie virtuelle Showrooms, 3D-Konfiguratoren, Event-Plattformen und Sales-Apps bereichern den Marketingalltag. Für Marketing und Vertrieb werden sie unverzichtbar. Bereits heute können KI-Tools einzelne Prozessschritte unterstützen und sie in zahlreichen Fällen ersetzen. Microservices sind kleine Softwarepakete, die eine kleine und sehr spezielle Aufgabe erledigen. Das Kernkonzept für Microservices ist die Modularisierung von Prozessen. Es geht darum, für einen komplexen Prozess kleine, flexiblere Services zu schaffen. Jeder Service ist für eine Reihe von Funktionen ausgelegt und konzentriert sich auf die Lösung eines bestimmten Problems. Das kann etwa der Austausch von Online-Kundendaten mit der CRM-Software sein oder das Management von Social-Media-Aktivitäten.

Das Besondere an Microservices ist die Möglichkeit, sie zu kombinieren und im Prozess aneinanderzureihen, um einen komplexeren Prozess zu automatisieren. Die sprachunabhängigen Programmierschnittstellen ermöglichen die Kommunikation untereinander und damit einen fließenden Datenaustausch.

Der Microservice-Markt wird dominiert von den großen Anbietern von Standardlösungen wie etwa Amazon (AWS) oder SAP. Dominiert wird der Microservice-Markt ferner von sogenannter freier Software. Freie Software ist nicht anbietergebunden. Der Quellcode des Programmes ist für jeden frei zugänglich. Dieser wird von interessierten Programmierern weiterentwickelt, die agil und weltumspannend kooperieren. Die offene Lizenzierung des Programmkerns ermöglicht den Benutzern und Entwicklern, die Software nach individuellen Bedürfnissen weiterzuentwickeln und anzupassen. Nach diesem Prinzip werden die »intelligenten« Algorithmen unter dem Dach »Künstlicher Intelligenz« entwickelt.

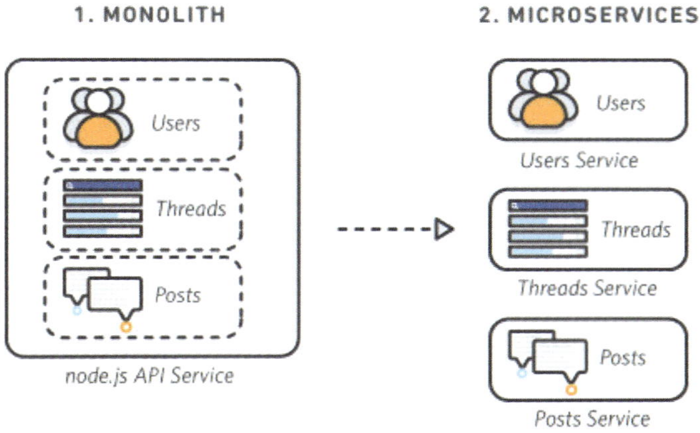

Abbildung 5: Aufteilen einer Monolith-Anwendung in Microservices zur Automatisierung von Marketingprozessen. Quelle: Amazon Web Services (AWS) (2021)

TREND 2 – Mit Low-Code und No-Code (LCNC) schnell digitale Produkte erstellen

Low-Code und No-Code (LCNC) ermöglichen es dem Marketer, selbsttätig Anwendungen zu entwickeln ohne Programmierkenntnisse.

Für das Mittelstandsmarketing liefern diese neuen Technologien wettbewerbsfördernde Vorteile. Mit Low-Code- und No-Code-Lösungen können Sie ohne Programmierkenntnisse Softwareanwendungen mit individuellen Funktionen erstellen und bereitstellen. Die Entwicklungszeit reduziert sich im Vergleich zur codierten Programmiersprache drastisch. Dies macht es einfach, Lösungen für das Marketing rasch bereitzustellen. Mitarbeiter ohne Informatikkenntnisse können dadurch mit Daten arbeiten oder kleine Programme für den Wertschöpfungsprozess bauen. Mit Drag and Drop und wenigen Klicks lassen sich Arbeitsabläufe festlegen, die allen Teilnehmern zur Verfügung stehen. Sie können Websites, Web-Apps, Automatisierungstools sowie Android- und IOS-Apps mit wenig oder gar keiner Codierung erstellen.

Das Erstellen von Apps ist mit LCNC-Plattformen in den letzten drei Jahren aus Amerika auch in Deutschland eingetroffen. Hierfür prognostiziert Gartner, dass bis zum Jahr 2024 mehr als 65 Prozent aller App-Entwicklungsfunktionen durch LCNC-Anwendungen bereitgestellt werden (Vincent et al. 2019).

Autoren-Podcast

No-Code und Low-Code

Der Einsatz im Mittelstand

https://t1p.de/hyfu

Sie können No-Code-Plattformen nutzen, um Anwendungen zu erstellen, die einige iterative Prozesse wie das Sammeln von Kundendaten, E-Mail-Weiterleitung, Customer Relationship Management (CRM) und Fehlerberichte ausführen können. Der Inhaber des mittelständischen Beschriftungssystems »Max Systems« Michael Meyer berichtet von seinen Erfahrungen mit LCNC-Anwendungen: »In nur drei Monaten ließ sich umsetzen, was sonst mehr als ein bis zwei Jahre gedauert hätte. Seitdem lassen sich viel effektiver die Kundeninformationen einsetzen und ›Cross-Selling‹- oder ›Up-Selling‹-Programme entwickeln. Damit konnten wir zusätzliche Verkäufe generieren und neue Verkaufskanäle einsetzen.« (Jung 2021)

TREND 3 – Mit Middleware Marketingprozesse automatisieren

Middleware ist eine Verteilungsplattform, die die Kommunikation zwischen Prozessen unterstützt. Es handelt sich dabei um Programme, die zwischen Anwendungen vermitteln, sodass die Komplexität dieser Applikationen und ihre Infrastruktur verborgen bleiben. Die neuesten Middelware-Plattformen basieren auf Low-Code-Anwendungen (siehe TREND 2).

Als Verteilungsplattform stellt Middleware ein komplexes Softwaresystem dar, das als »Dienstleister« anderen Softwarekomponenten den Datenaustausch zwischen Einzelanwendungen jeglicher Art ermöglicht. Sie stellt eine Schnittstelle in einer etablierten IT-Landschaft dar. Middleware organisiert den Transport komplexer Daten und vermittelt Funktionsaufrufe zwischen den Komponenten. Sie stellt darüber hinaus die Transaktionssicherheit über ansonsten unabhängige Teilsysteme her und sorgt für die Datensicherheit in der Kommunikation.

Folgend finden Sie eine Struktur für den Einsatz einer Middleware-Plattform für den E-Commerce und die Kommunikationsverbindung verschiedener Businessanwendungen im Unternehmen.

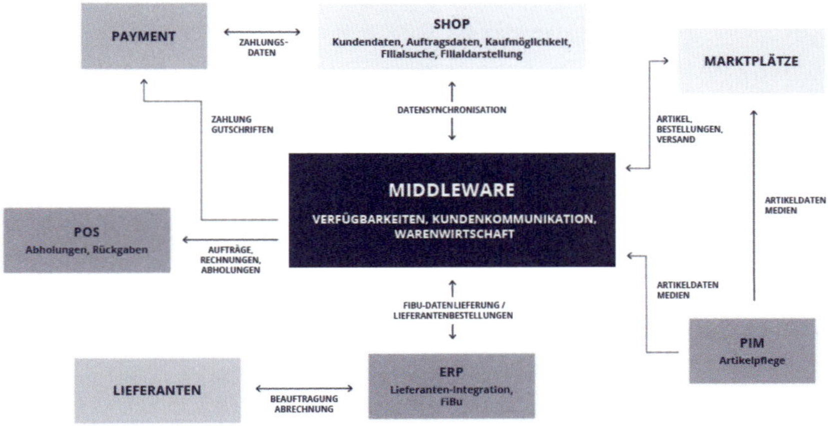

Abbildung 6: Beispiel E-Commerce Middleware. Quelle: ecom-consulting.de

In diesem Beispiel wird ein Online-Shop mit den hauseigenen Kunden- und Produktdatenbanken und einem digitalen Bezahlsystem verknüpft. Es vernetzt alle einzelnen Teilsysteme miteinander und steuert die E-Commerce-Teilprozesse von der Freigabe eines Produktes für einen Vertriebskanal bis hin zur Belastung einer Kreditkarte. Das Ergebnis ist ein automatisierter Regelkreis zwischen den Anwendungen, die keine manuelle Pflege mehr benötigt. Damit können »alte« IT-Anwendungen an neuere IT-Umgebungen angeschlossen werden.

Typische Fragen für das Marketing sind:

- Welcher Kunde soll welche Werbemittel bekommen?
- Welches aktuelle Bedürfnis hat mein Kunde?
- Wann soll eine Marketing-Aktion versandt werden?
- Welches Angebot für welchen Kunden?

Für den Einsatz von KI-Tools lohnt es sich, die relevanten Prozesse zu automatisieren. Abhängig vom Reifegrad können KI-Tools entweder eine erste Automatisierung antreiben (niedriger Reifegrad) oder bereits automatisierte Prozesse mit KI-Tools anreichern (höherer Reifegrad).

Damit erreichen Sie das Ziel, dass jeder einzelne Kunde individuell behandelt wird. Eine Konsequenz ist, dass sich die Anzahl der »Kampagnen« für die verschiedenen Kundensegmente erhöht. Durch den Einsatz von KI-Tools und das Zusammenspiel mit Marketing-Automatisierung sichern Sie langfristig Ihren Marketingerfolg.

Fazit: Die Automatisierung im Marketing birgt für Mittelstandsunternehmen ein hohes Potenzial.

- **Intelligentes Marketing**: Sie können KI-Tools nutzen, um Ihre Arbeitsabläufe, Geschäftsprozesse, Entscheidungsfindung u.a. endlich zu verändern und dem Kundenverhalten anzupassen.

- **Höhere Geschwindigkeit und Agilität**: Automatisierung beschleunigt Ihren Kundenservice, womit Sie jetzt Ihren Wettbewerbsvorteil ausspielen können.
- **Kompetentere Mitarbeiter**: »Reife« Unternehmen können die Automatisierung nutzen, um ihre Belegschaft sowohl mit Bots als auch mit engagierten, motivierten und produktiveren Mitarbeitern zu verstärken.
- **Auswirkungen auf das Unternehmen**: Die vielen Vorteile der Automatisierung führen in vielen Geschäftsbereichen und Metriken zu einer erhöhten Kosteneffizienz.

Unsere Reise geht weiter. Im nächsten Kapitel lernen Sie ein B2B-Unternehmen kennen, das eine hochmoderne 3D-Drucktechnologie für die industrielle Massenproduktion entwickelte. Dieses Unternehmen denkt darüber nach, wie es Künstliche Intelligenz in das bestehende Marketing integrieren sollte. Daraus ergeben sich zehn Pfade, die das Unternehmen einzeln oder in Kombination bestreiten könnte.

3. ZEHN ZIELE FÜR IHR KI-MARKETING

ZIEL 1: Gewinnen Sie neue Kunden durch digitale Kundenerlebnisse

Digitale Kundenerlebnisse und Kundenerfahrungen werden umgangssprachlich mit dem Begriff der »Customer Experience« (CX) umschrieben. Ein Kundenerlebnis ist ein übergreifendes Gefühl oder eine Meinung, die Kunden über Ihr Unternehmen gewinnen, wenn sie Ihre Kommunikationsmedien nutzen. Das Kundenerlebnis (CX) ist die Gesamtheit der kognitiven, affektiven, sensorischen und verhaltensbezogenen Reaktionen des Verbrauchers in allen Phasen des Kommunikations- und Konsumprozesses, einschließlich der Kauf-, Konsum- und Nachkaufphase des Produkts. Es geht darum, das Kundenerlebnis insgesamt zu verbessern, anstatt sich auf einzelne Kundeninteraktionen und Lösungen zu konzentrieren.

Die Interaktion mit einem Unternehmen, einem Produkt, einer Dienstleistung oder einer Marke betrifft den Kunden direkt und bezieht sich auf verschiedene Berührungspunkte (Touchpoints): digitale Gespräche mit einem Kundenbetreuer, Videocalls, Q&A-Portal, Live-Chat, Chatbots usw. Hier können smarte Technologien und technische Tools operativ unterstützen. In den »Tech Trends 2021« vom Beratungsunternehmen Deloitte wird betont, dass physische und digitale Kommunikation miteinander verschmelzen (vgl. Deloitte 2021). Kundenerfahrung sollte demnach nicht ausschließlich digital erfolgen. Die analoge Kommunikation – etwa ein persönliches Kundengespräch – gehört nach wie vor in das Orchester.

Menschliche Interaktionen sind für den Kunden wichtig: 74 Prozent der Verbraucher wünschen sich in Zukunft mehr menschliche Interaktionen. Das zeigen Marktanalysten von PWC (Puthiyamadam/Reyes 2018). Daher ist es von entscheidender Bedeutung, dass KI-Tools die menschliche Interaktion unterstützen und nicht ersetzen.

MERKE:

KI-Technologien ersetzen nicht die persönliche Kommunikation, bereichern sie aber.

Kundendaten aus Webumfragen, Feedbacks aus mobilen Apps, Telefonanrufen, Informationen aus Landingpages und der eigenen Homepage können Informationen über die Kundenerfahrungen und deren Loyalität liefern. Diese Informationen beschreiben die allgemeine Wahrnehmung Ihrer Kunden, die sich aus einer umfassenden Interaktion während der gesamten »Customer Journey« ergibt. Eine Customer Journey umfasst eine Abfolge von Berührungspunkten, die durch einen Anfang und ein Ende einer Kundenbewegung im Internet definiert sind.

Aber Achtung: Es besteht ein Unterschied zwischen dem operativen Kundenservice und einem umfassenden Kundenerlebnis. Der Kundenservice ist ein Faktor in der »Customer Journey«, während das Kundenerlebnis die gesamte Interaktion des Kunden mit der Marke darstellt. Der Kundenservice ist **reaktiv** (bei unzufriedenen Kunden) während das Kundenerlebnis **proaktiv** durch einen strukturierten Prozess dargestellt wird.

Der US-amerikanische Bankenmanager und Marketingpublizist G. Lynn Shostack (1984) hat in dem renommierten Managermagazin Harvard Business Review seine Idee des »Service Blueprint« veröffentlicht. Es liefert ein Modell zur Visualisierung sowie eine Neu- und Umstrukturierung von Prozessen. Hierbei handelt es sich um ein Prozessdiagramm, welches Anweisungen für die Kommunikation und Interaktion zwischen Kunden, Mitarbeitern und Kontaktstellen beinhaltet. Ziel ist es, die Effizienz im Unternehmen zu verbessern, indem es den Kommunikationsprozess aus

Sicht des Kunden beschreibt und Optimierungsbedarf erkennt oder die kundenorientierte Gestaltung von neuen Prozessen ermöglicht.

Die Erlebnisse, die ein Kunde im Kontakt mit ihnen und in der Interaktion mit dem Produkt, der Dienstleistung oder dem Unternehmen erfährt, entscheidet über Verkaufserfolg und noch wichtiger über die Kundenbindung. Sie liefern den Anreiz zum wiederholten Kauf und geben dem Verbraucher das Gefühl, die Reaktion selbst unter Kontrolle zu haben. Als Ergebnis dieses Stimulationsprozesses kommt es zu mehr Akquisition und Kundenerfahrungen. Die Gestaltung eines positiven Kundenerlebnisses wird für jedes Unternehmen zu einer entscheidenden Strategieaufgabe.

Ein Beispiel, um Kundenkontaktpunkte besser zu verstehen:

Wie Customer Journey Touchpoints funktionieren, zeigt folgendes Beispiel. Ein mittelständisches Kundenunternehmen wollte seine Produktions- und Rüstzeiten mithilfe einer 3D-Drucktechnologie verkürzen. Dabei durchlief es folgende *Kundenkontaktpunkte*:

1. Das mittelständische Kundenunternehmen liest im Internet einen Blogartikel von einem Anbieter, der 3D-Druckwerkzeuge in der Massenproduktion einführt.
2. Ein Geschäftskollege empfiehlt ihm dieses Unternehmen.
3. Das Unternehmen bietet auf ihrer Website einen Online-Konfigurator mit einer selbstlernenden Kundendatenbank für Kalkulation und Kosteneinsparung zur Produktion von individuellen Werkzeugen an.
4. Der Interessent spielt mit dem Kalkulator und nutzt einen KI-gesteuerten Chatbot für einen ersten Kontakt mit dem Unternehmen.
5. Der Chatbot lenkt ihn auf eine Seite mit »Fragen und Antworten« (FAQ). Dort erfährt er mehr über die Einsatzmöglichkeiten der 3D-Werkzeugerstellung.
6. Über den Chatbot verlangt er am nächsten Tag ein persönliches Beratungsgespräch.

7. An diesem Tag meldet sich der Geschäftsführer des Unternehmens telefonisch und beantwortet weitere Fragen über die individuellen Einsatzmöglichkeiten im Unternehmen des Interessenten und seine Technologie.
8. Nach dem Gespräch erhält der Interessent ein unverbindliches Angebot mit einer ersten Preiskalkulation digital zugesandt.
9. Der Interessent recherchiert im Internet nach positiven und negativen Kundenerfahrungen mit dem 3D-Unternehmen.
10. Der Interessent lädt das Unternehmen ein für ein persönliches Kennenlernen.
11. Schließlich unterzeichnet der Interessent einen Auftrag für eine erste Fertigungsanlage für die Erstellung eines innovativen Produktionswerkzeuges.

Dieses Beispiel zeigt elf Customer Journey Touchpoints auf. Die Qualität jedes einzelnen Kontaktpunkts trug aus bisherigen Erfahrungen dazu bei, dass aus einem Interessenten ein Kunde wurde. Nach Vertragsabschluss gibt es weitere Touchpoints, zum Beispiel bei jährlichen Abrechnungen und Umstellungen auf eine monatliche Zahlung. Ein weiterer Touchpoint ist die Weiterempfehlung auf den Erfahrungen eines erlebten positiven Kundenerlebnisses.

Das KI-Tool »Monkeylearn« unterstützt den Prozess, indem es einen Net Promoter Score (NPS) erstellt. Die NPS-Kennzahl liefert die Information, inwiefern Ihre Kunden und Konsumenten Ihr Produkt oder Ihre Dienstleistung weiterempfehlen würden (siehe Kap. 4 Use Case Nr. 4).

TIPPS FÜR DAS SMARTE MARKETING-TEAM

Identifizieren Sie die Customer Journey Touchpoints (Kundenkontaktpunkte) der (digitalen und analogen) Kundenbewegungen! Notieren Sie die Kontaktpunkte und bringen Sie sie in eine zeitliche Abfolge. Senden Sie Umfragen zur Kundenzufriedenheit. Diese geben Ihnen beispielhaft Einblicke in den Kundenzufriedenheits-Score (CSAT) und den Net Promoter Score (NPS).

ZIEL 2: Erhöhen Sie Umsatz und Gewinne mit dem Marketing-Funnel

Für jeden Marketing-Mitarbeiter und jeden Geschäftsführer erhöht sich der Selbstwert, wenn die geschäftlichen Bemühungen zu einem zählbaren Erfolg führen. In unserem B2B-Beispiel lassen sich Ursache und Wirkung zwischen Information und Kaufabschluss oft auf Messen schneller erreichen als im Internet.

Dieses Beispiel kennen Sie, oder? Ein Einkäufer kommt zu Ihnen auf den Messestand und nach einem Gespräch bestellt er 20 Einheiten Ihres Produktes. Wir freuen uns für Sie, wenn Ihnen das gelingt. Summa summarum bevorzugen Sie den Verkauf auf einer Messe. Sind Sie mit Umsatz und Auslastung zufrieden, machen Sie einiges richtig. Überspringen Sie für diesen Fall einfach diesen Abschnitt. Möchten Sie aber schnelleres oder weiteres Wachstum für Ihr Geschäft? Dann setzen Sie sich das Ziel »Ausbau eines Marketing-Funnels« auf Ihre Marketingagenda.

Das Herzstück jeder Funnel-Logik sind Konversionen. Sie beschreiben stark vereinfacht das Verhältnis zwischen Abschluss und Information. Je mehr Abschlüsse Sie bei derselben Anzahl an Informationen erreichen, desto höher ist die Konversion. In der Praxis beobachten wir, dass wir die Menge an Informationen deutlich erhöhen, ohne dabei mehr Abschlüsse zu gewinnen. Konversionsraten berechnen Sie, indem Sie die Gesamtzahl der Konversionen (Klicks auf den Bestellbutton) durch die Gesamtgröße der Besucher dividieren (Prozentsatz). Der Prozentsatz ergibt die Konversionsrate. Das weiß auch der KI-Experte Carsten Kraus (van Rinsum 2021):

> »KI-Tools steigern nachweislich die Konversion der Online-Shops.«
>
> *KI-Experte, Gründer, CEO von FACT-Finder Carsten Kraus*

Konversionen finden auf Ihrer Website, auf Social-Media-Seiten und in E-Mail-Kampagnen statt. Ziel ist es, die Anzahl der Handlungen von Besuchern Ihrer Website, Ihrer App oder Ihres digitalen Produktes (Whitepaper, Blogbeitrag) zu erhöhen. Im E-Commerce ist die Konversionsrate der Prozentsatz der Website-Besucher, die innerhalb eines bestimmten Zeitraums in Ihrem Online-Shop einkaufen.

KI-Tools erfreuen sich in diesem Umfeld hoher Beliebtheit. Sie bieten die Möglichkeit, mehr Umsatz ohne steigende Werbeausgaben zu erzielen. Verkaufstrichter, auch Konversions-Marketing-Trichter genannt (siehe Abbildung 7), sind eine Methode für dieses Ziel. Der Trichter stellt eine Anleitung für das Management Ihrer Kontaktpunkte zur Verfügung. Der Verkaufstrichter beschreibt die Schritte, die ein Browser- oder App-Besucher durchläuft, bevor er zu einer Konversion kommt. Die Visualisierung des Verkaufstrichters strukturiert den Prozess der Umwandlung von Leads in Kunden.

Wie gehen Sie vor? Für jede Phase wird definiert, welche Teilkonversion Sie anstreben. In einem ersten Kontaktpunkt (Awareness) bieten Sie eine Landingpage mit einem Whitepaper zu seinem Produkt an. Dies wäre ein Konversionspunkt. Aus der Reihe aller Schritte besitzen Sie am Ende einen Lead-Pfad. Wir bezeichnen diese Conversion-Map als »Customer Journey«.

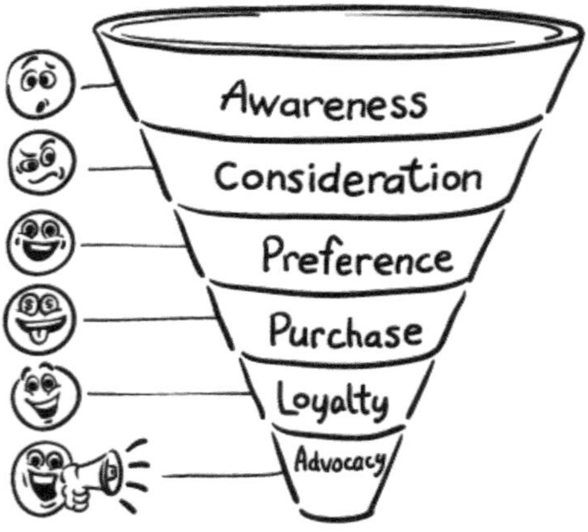

Abbildung 7: Beispiel für einen Konversions-Marketing-Trichter. Quelle: Santora (2020)

Was hat der Trichter mit der KI zu tun? In jeder Phase können KI-Tools unterstützen. KI-Technologien werden für die Content Delivery, Content Generation, Social Media, personalisierte E-Mails, Attribution und Lead-Gen-Optimierung eingesetzt.

MERKE:

Ein guter Funnel funktioniert automatisch. KI unterstützt in diesem Prozess erst die Leadanziehung und dann die Kundengewinnung.

Marketing-KI ermöglicht die Optimierung von Verkaufstrichtern, Prognosen, Abwanderungsprognosen, erweiterten Lead-Scores und vieles mehr. Maschinelles Lernen kann helfen, Angebote zum richtigen Zeitpunkt an die richtigen Kunden zu richten, bessere interne Entscheidungen zu treffen und die Rentabilität zu steigern.

Eines darf an dieser Stelle nicht unerwähnt bleiben. Die Automatisierung des Funnels erfordert Investitionen in eine Datenverwaltungsinfrastruktur und qualifizierte Ressourcen in die Skalierung. Nur dann können Entscheidungsträger Wissen entwickeln, mit welchem der Weg der Verbraucher und Nutzer durch den Marketingtrichter verfeinert wird und die Konversionsraten erhöht werden.

Ein Beispiel, um mit dem Konversions-Marketing-Trichter die Konversionen zu erhöhen:

Der Aufbau eines leistungsstarken Marketing-Funnels erfolgt stets nach einem System: Das 3D-Unternehmen aus dem obigen Abschnitt wollte einen Marketing-Trichter (-Funnel) aufbauen, um seine Homepagebesucher zu Kunden zu entwickeln. Dies erfolgte für das 3D-Unternehmen nach einem bis heute bewährten System.

1. Bewusstsein schaffen (Awareness)

Als Erstes geht es in den meisten Fällen darum, ein Bewusstsein in Ihrer Zielgruppe für Ihre Marke, Ihr Produkt oder Ihre Dienstleistung zu schaffen! Können Sie folgende Fragen schon beantworten?

Verstehen Sie Ihre Kunden in der Tiefe Ihrer Bedürfnisse? Kennen Sie ihr größtes Problem in der Produktion von Massenfertigungen? Sind es wirklich immer nur die Produktionskosten, die gesenkt werden wollen? Was gibt es für weitere Probleme, für die die Kunden eine Lösung suchen?

Wenn Sie hier schnell antworten können – Wunderbar! Sollte es Ihnen nicht so leicht fallen, konzentrieren Sie sich auf den Lösungsbedarf, die Motive und die Werte ihrer Kunden. Was will Ihr Kunde erreichen, was will er vermeiden? Hilfreich ist die Erstellung von Buyer-Personas zunächst für eine Zielgruppe. Das dokumentiert erstens die Antworten auf die obigen Fragen und trainiert die Methode (siehe Kap. 4 Use Case Nr. 3).

2. Informieren und Bedürfnisse ansprechen (Consideration)

Beschreiben Sie, wie Sie das Problem für Ihre Kunden lösen. Was ist das Besondere dieser 3D-Technologie? Informieren Sie, wie die Technologie dazu beiträgt, das Problem des Kunden zu lösen und seine Ziele zu erreichen. Viele sprechen hierbei von dem Mehrwert. Der Begriff wird aber oft als Abstraktum verwendet und fokussiert nicht auf die unabdingbare Notwendigkeit, sich in den Kunden hineinzuversetzen. Geben Sie auch Informationen darüber, wie der Service zur 3D-Technologie im Detail aussieht. Denken Sie sich so lange in den Kunden hinein, bis Sie die Antworten für Ihre 3D-Technologie für Massenfertigungen in weniger als 30 Wörtern auf den Punkt bringen können.

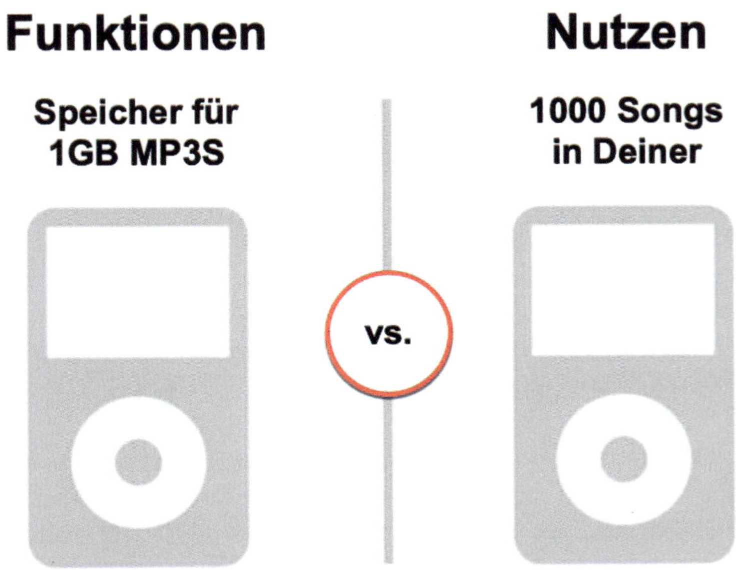

Abbildung 8: Nutzen statt Features am Beispiel Apple Musikplayer. Quelle: eigene

Die Abbildung 8 mit dem Apple Musikplayer fokussiert beispielhaft den Nutzwert, den der Kunde durch das Gerät hat. Die technischen Details sind (mehr im B2C als im B2B) nachrangig. Diese Logik ist dennoch für die B2B-Produktkommunikation anzuwenden. Auch erklärungswürdige Maschinen und Dienstleistungen können in der Kommunikation auf Ihren zentralen Nutzwert heruntergebrochen werden. Das meinen wir mit der Frage: Verstehen Sie Ihre Kunden in der Tiefe ihrer Bedürfnisse – und damit deren zentrales Problem?

3. Präferenz steigern (Preference)

In dieser Phase geht es darum, die Präferenz für Ihre 3D-Technologie zu steigern. Dieser Schritt umfasst die Entwicklung von Kommunikationsinhalten sowohl für lokale als auch digitale Kommunikationskanäle (Content-Kreation). Entwickeln Sie eine Social-Media-Strategie, ein zielorientiertes E-Mail-Marketing, und stellen Sie deren persönliche und automatisierte Betreuung sicher.

Mit diesem Konzept führen Sie Ihren Kunden zum Beispiel mithilfe einer *Landingpage* auf relevante Informationen zu Ihrer 3D-Technologie. Sehen Sie hier von direkten Verkaufsangeboten und Rabattschlachten ab. Bieten Sie lieber eine Information zum Download an, zum Beispiel eine Entwicklungserfahrung von Ihrem Entwicklerteam, ein Praxisbeispiel einer Einführung bei einem Ihrer Kunden oder ein Kundeninterview mit einem Produktionsleiter bei einem Ihrer Kunden. Damit schaffen Sie Vertrauen, indem Sie zeigen, dass mit Ihrer Technologie gearbeitet wird und dass es bereits erlebte Kundenerfahrungen gibt. Schließlich bekommen Sie durch den Download auch die Kontaktdaten eines möglichen Kunden, mit denen Sie im weiteren Prozess arbeiten können.

Wichtig: Verringern Sie die Komplexität des Themas. Fokussieren Sie auf EIN Haupt-Produkt und einen Kanal, für welchen die Konversion optimiert werden soll. Schwadronieren Sie daher weniger über die 3D-Entwicklung weltweit, womöglich noch auf allen Kanälen. Zeigen Sie, dass Ihr Unternehmen in der Lage ist, das Problem des Kunden zu lösen.

Autoren-Podcast

Umgang mit Komplexität

Hacks für mehr Produktivität im Job

https://t1p.de/yifsk

4. Handlungsaufforderung: Kunde steht unmittelbar vor dem Kauf (Action)

Erstellen Sie zunächst konkrete Angebote für Ihre oben definierte Buyer Persona (Zielgruppe). Damit ein Interessent eine Bestellung in Auftrag gibt, stellt die vorige Phase (Landingpage und vertrauensfördernde Informationen) die entscheidende Brücke zum Abschluss dar. Hier hat der Interessent bereits produktspezifische Informationen erhalten. Anschließend könnte er den Kaufprozess direkt einleiten. Dazu ist ihm der Prozess, den Kauf fortzuführen, so leicht wie möglich zu machen. Denken Sie an Ihr eigenes Konsumverhalten beim Online-Shopping. Je mehr Klicks Sie durchführen und je mehr Daten abgefragt werden, umso geringer ist die Wahrscheinlichkeit eines Kaufabschlusses. Die 1-Click-Funktion von Amazon.de ist ein positives Beispiel, wie es gelingen kann, den Kunden schnell(er) zu einem Kaufabschluss zu bewegen.

5. Loyalität und Kundenbindung steigern (Loyalty)

Aus unserem eigenen Konsumverhalten können wir ableiten, dass Zufriedenheit beim ersten Kauf einen positiven Einfluss auf künftige Käufe haben kann. Zufriedene Kunden haben einen Vertrauensvorschuss, der nicht leichtfertig verspielt werden sollte. Das gilt im B2C besonders, aber auch im B2B. Im B2B ist die langfristige Kundenbindung wettbewerbsentscheidender. Denn hier ist der Nachfragemarkt in der Regel kleiner als im B2C. Dennoch sollte darauf geachtet werden, Wiederkäufe bei Bestandskunden durch eine aktive Kundenbindung zu fördern. Dazu gehört die Vermittlung eines positiven Kundenerlebnisses. Dieses sät den Samen für das Feld Kundenloyalität. Dazu tragen im Analogen eine intensive Betreuung des Kunden nach Abschluss des Kaufs mit langfristigen Garantien oder kleinen Geschenken zum Kauf bei. Digital lässt sich mithilfe Künstlicher Intelligenzen, Workflows und sogar Automatismen eine nachhaltige Kundenbetreuung einrichten. Dazu gehören unter anderem jährliche Geburtstagsnachrichten bis hin zu monatlichen Produkt-Updates oder Best-Practice-Newsletter (siehe Kap. 4 Use Case Nr. 16).

6. Kunden zum Fürsprecher machen (Advocacy)

Wenn Ihre Kunden so zufrieden sind, dass sie wiederholt bei Ihnen kaufen und weitere Kunden aus dem Business-, Freundes- und Familienkreis empfehlen und zu Fürsprechern Ihres Produkts werden, funktioniert Ihr Funnel. Es sollte vermieden werden, dass ihre treuesten Kunden durch eine falsch eingeschätzte Kundenbindung anschließend zu einem Wettbewerber wechseln. Alle Anstrengungen in die Umwandlung dieser

Kunden durch den Marketingtrichter wären im eintretenden Fall fehlinvestiert.

TIPPS FÜR DAS SMARTE MARKETING-TEAM
Prüfen Sie die Kundenkontakte in ihrer Reihenfolge und legen Sie eine Struktur und den Ablauf fest. Alle Mitarbeiter des Unternehmens werden einbezogen, Informationen und Daten über die Kundenbewegung zu sammeln und zu speichern. Das erfordert keine besonderen Investitionen. Sie benötigen eine Intranetseite, auf die jeder Mitarbeiter Zugriff hat. Die Frage für jeden Mitarbeiter lautet: Über welchen Kundenkontaktpunkt stößt ein Kunde auf unser Unternehmen? Werten Sie mindestens einmal im Monat diese Informationen im Marketingteam aus.

Ziel 3: Gewinnen Sie Kunden mit personalisierten Ansprachen

Angesichts der digitalen Datenflut und der wachsenden Bedeutung des Kundenerlebnisses war es noch nie so wichtig wie heute, die Personalisierung in den Vordergrund zu stellen. Im Gegensatz zum B2C (mal schnell einen Schokoriegel kaufen) benötigt der B2B-Kaufabschluss (Verlauf einer 3D-Technologie) häufig mehr Zeit. In der Customer Journey eines Geschäftskunden sind zudem mehrere Entscheidungsträger involviert. Die längeren Entscheidungswege sind in den verschiedenen Interessenlagen zwischen Einkäufer, Fachvorgesetztem und Geschäftsleitung begründet.

Eine Kundendaten-Segmentierung ermöglicht es, Entscheidungsträger aus zahlreichen Arten von Unternehmen individuell anzusprechen und personalisierte Beziehungen aufzubauen. Der smarte Marketer hat es verstanden, die individuellen Bedürfnislagen zu identifizieren, vorherzusagen, zu antizipieren und zu Geschäftsergebnissen zu führen. Ein hilfreiches KI-Tool dazu ist *Dadora* (siehe Kap. 4 Use Cases Nr. 11, 38 und 47). Das Münchner Unternehmen erforscht Kundenbedürfnisse, Zielgruppen und Märkte mithilfe von Künstlicher Intelligenz, Natural Language Processing (NLP) und Text Analytics.

Die personalisierte Ansprache in der Kundenkommunikation ermöglicht es dem Marketing, Ihre potenziellen Kunden auf einer individuellen Ebene besser zu verstehen und sie im Laufe der Zeit zu Bestandskunden aufzubauen. Das beginnt schon bei Newsletter-E-Mail-Listen, die anfangs lediglich eine Sammlung von Daten sind. Aber durch diese Kommunikation kann ein persönliches und vertrauliches Verhältnis entstehen.

Für die B2C-Welt ist die Personalisierung von Massendaten häufig kein Thema, weil die Daten schlichtweg nicht existieren oder, falls doch vorhanden, ein unbekanntes Schattendasein pflegen. Dennoch lassen sich aus nur zehn Bestandskunden Ähnlichkeiten und Unterschiede identifizieren und auf Interessenten anwenden. Der Grad der Individualisierung umfasst die Schaffung, Gestaltung und Weiterentwicklung von Produkten, die sich an die individuellen Bedürfnisse, Interessen und Probleme der Interessenten anpassen.

Die Ergebnisse aus den persönlichen Kontakten zwischen B2B-Unternehmen und Kunden können die Datenlage anreichern. Smarte Marketingmanager nutzen Technologien zur Erfassung dieser Ergebnisse und für die Analyse von Gesprächsergebnissen für das Suchmaschinenmarketing und für das Kundenbeziehungsmanagement. Mit ihrem Wissen aus den personalisierten Ansprachen und der Erstellung von Inhalten gewinnt das B2B-Marketing entscheidende Vorteile für die Übermittlung gezielter und wirksamer Botschaften an ein neues Publikum. Der Datenstamm wächst und die Personalisierung des gewachsenen Interessentenstamms gewinnt zunehmend an Bedeutung.

In der Regel geschieht die Massenpersonalisierung durch die Verwendung eines Segmentierungsmodells, das Unternehmen hilft, ihren Kundenstamm für ein effektives Targeting aufzuteilen. *Webeo* zum Beispiel ist ein Tool, mit dem eine Massenpersonalisierung durchgeführt werden kann (siehe Kap. 4 Use Case Nr. 20). Es können maßgeschneiderte Erlebnisse in Echtzeit durch Segmentierung nach Branche, Sektor oder sogar spezifischem Geschäft geschaffen werden. Von effektiven Produktempfehlungen bis hin zu maßgeschneiderten Calls-to-Action kann anschließend jedes Zielgruppensegment die perfekte Website nach seinen Bedürfnissen erleben.

MERKE:

Einen B2B Kunden nicht aus den Augen zu verlieren benötigt Ausdauer, Geschick, Strategie und ein Persona-KI-Tool.

Ein Beispiel, um das Segmentieren besser zu verstehen:

Sortieren Sie die Entscheidungsträger ihrer potenziellen Kunden. Für die Zielgruppenanalyse fassen Sie bestehende Daten und Informationen zu repräsentativen Kundenprofilen zusammen. Es beginnt mit der Erstellung einer (oder mehrerer) Personas (siehe Kap. 4 Use Cases Nr. 3 und 20).

1. Personas im B2B: Genaue Zielgruppendefinition erstellen

Erstellen Sie für Ihre Kernzielbranche und Unternehmensgröße repräsentative Personas, also für den Einkäufer eine Persona A, den Fachvorgesetzten eine Persona B und die Geschäftsleitung eine Persona C. Für jede der Personas sammeln Sie Antworten auf diese Fragen:

- Was für Ziele verfolgt diese Person?
- Worauf legt die Person großen Wert?
- Hat die Person besondere Wünsche und wenn ja, welche?
- Welche persönlichen Bedürfnisse hat die Person?
- Hat die Person Probleme in der Branche?
- Was für einen Nutzen benötigt die Person?
- Wie sehen Umfeld und Alltag der Person aus?

Eine klar beschriebene Persona fördert die Fokussierung auf die wesentlichen Merkmale des Kunden. Sie vermeidet zeit- und kostenintensive Streuverluste in der Kommunikation. Wie gelangen Sie an relevante Informationen über Ihre Zielgruppe? Die wichtigsten Informationsquellen sind Ihre Bestandskunden. Die meisten und wertvollsten Informationen erhalten Sie von ihnen. Suchen Sie daher wieder aktiv das Kundengespräch mit Bestandskunden und Interessenten. Fragen Sie nach Bedarf und persönlichen Berufsbedürfnissen. Ein halb strukturierter Leitfaden mit den obigen Fragen ist ein probates Werkzeug (siehe Kap. 4 Use Cases Nr. 8 und 47).

2. Individualisierte Inhalte entwickeln

Auf der Grundlage der Personas für die verschiedenen Zielgruppen können anschließend maßgeschneiderte Inhalte konzipiert und kommuniziert werden. Das betrifft neben dem Inhaltsmarketing auch die Adressierung von Werbeanzeigen und deren Gestaltung. Dadurch kann gleichzeitig die Konversion erhöht werden. Für die Redaktion und die Gestaltung von Inhalten liefern unsere Use Cases (siehe Kap. 4 Use Case Nr. 14) hilfreiche KI-Tools.

3. Verhalten und Frequenzen vorhersagen

Je tiefer Sie Ihre Personas im Prozess der Zielgruppendefinition durchdenken und Merkmale eingrenzen, umso besser werden Sie bearbeitbar. Mithilfe der Persona lässt sich auch das Informations- und Anschlussverhalten immer weiter prognostizieren. Sie verringern dadurch die Streuverluste in den Marketing- und Vertriebsmaßnahmen.

4. Eigene Stärken identifizieren und gezielt einsetzen

Haben Sie die wesentlichen Merkmale Ihrer Kunden herausgearbeitet, verwandeln Sie die Stärken Ihres Unternehmens in konkrete Argumente. Anhand dieser können Sie eine schlüssige Differenzierungsstrategie entwickeln, mit der Sie mit Ihren Kunden kommunizieren. Ihre Stärken machen den Unterschied zum Wettbewerb.

Von den Stärken zu den Argumenten		Interne Analyse	
		Stärken	Schwächen
Externe Analyse	Chancen		
	Risiken		

Abbildung 9: Stärken identifizieren mit der SWOT-Matrix. Quelle: eigene

In dem folgenden vereinfachten Beispiel einer SWOT-Matrix lassen sich die eigenen Stärken als Mittelstandsunternehmen identifizieren und sammeln. Ebenso können in weiteren Schritten auch die eigenen Schwächen notiert werden. Beide zeigen Ihnen die Chancen für die Individualisierung Ihrer Kommunikationsbotschaften. Ein Beispiel finden Sie hier:

Abbildung 10: Beispiel einer SWOT-Betrachtung für das Inhaltsmarketing. Quelle: six-clicks (2021)

Der »Customer Satisfaction Score« (CSAT) ist ein Maß dafür, ob ein Kunde das Gefühl hat, dass seine Erwartungen durch die Produkte und Dienstleistungen eines Unternehmens erfüllt wurden. Der durchschnittliche CSAT-Score eines Unternehmens spiegelt den Prozentsatz der Kunden wider, die mit den Produkten oder Dienstleistungen des Unternehmens zufrieden sind. Der »Net Promoter Score« (NPS) kann komplementär eingesetzt werden, um das Kundenerlebnis zu messen und anschließend das Geschäftswachstum zu prognostizieren.

TIPPS FÜR DAS SMARTE MARKETING-TEAM

Identifizieren Sie die Customer Journey Touchpoints der häufigsten (digitalen und analogen) Kundenbewegungen! Notieren Sie die Touchpoints und bringen Sie sie in eine Zeitfolge. In Kapitel 4 erhalten Sie mit dem Use Case Nr. 20 ein KI-Tool, um Onlinebesucher zu Kunden zu machen. Messen können Sie den Erfolg der Kundenzufriedenheit übrigens mit dem CSAT-Score und dem Net Promoter Score (NPS).

Ziel 4: Wachsen Sie zum Kundenmagneten mit einer digitalen Marke

Die Entwicklung einer Marke ist nicht nur das Thema für B2C-Unternehmen (zum Beispiel Marken wie Coca-Cola, Tempo u.ä.). Auch für mittelständische B2B-Unternehmen und B2B-Start-ups hat die Bedeutung zugenommen. Eine Studie des US-amerikanischen Markenforschungsunternehmen »Hinge Research Institute« zeigt, dass es einfacher und kostengünstiger ist, den Bekanntheitsgrad einer digitalen Marke zu steigern, als die Marke mit traditionellen (analogen) Kommunikationsmedien aufzubauen (Frederiksen 2019).

Somit steigt die digitale Marke zur führenden Markenführungstechnik empor, mit der Online-Auftritt, Online-Marketing und soziale Medien aufeinander abgestimmt für die Bekanntheit eingesetzt werden.

Autoren-Podcast

Insights zum Online-Marketing mit Werbung

Hacks für mehr Marketingerfolg

https://t1p.de/klor

Ziel der Markenaktivitäten ist es, erstens eine Identität Ihres Unternehmens (Image) und zweitens Ihres Produktes zu erstellen und zu kommunizieren. Beides soll sich in den Köpfen Ihrer Geschäftspartner, Kunden und Nutzer verankern. Weiterhin profitieren Sie mit einer Marke von wachsenden Vertrauensbeziehungen zu Ihren Kunden und Interessenten. Eine Marke ist die beste Grundlage für den Aufbau eines leidenschaftlich interagierenden und treuen Kundenstamms, der Ihr Produkt nicht nur kauft, sondern auch an das Produkt und Ihr Unternehmen glaubt und folglich weiterempfiehlt.

Konzeptionell wenden wir einen Multi-Channel-Ansatz an, mit dem Ihre Unternehmenspräsenz auf allen für Ihre Kunden relevanten Kanälen verbessert wird. Ein Erfolg versprechender Ansatz ist es, eine Reihe von kreativen Elementen wie Logo, Botschaften, Werte und Ziele in einer Markenidentität zusammenzufassen. Diese *Markenidentität* können Sie auf Ihrer Website, einer App, Videos und weiteren Medienprodukten kommunizieren.

MERKE:

KI-Tools unterstützen die Gestaltung von Marken und automatisieren die Kommunikation.

Für die Entwicklung Ihrer Marke ist der Prozess der Erstellung Ihrer Markenentwicklungsstrategie zu definieren oder zu verfeinern. Es wird Sie freuen zu erfahren, dass Sie Ihre Marke auch mit begrenzten Ressourcen, eben mithilfe von KI-Tools entwickeln können.

Ein Beispiel, um den Prozess der Erstellung einer digitalen Marke für das 3D-Technologie-Unternehmen besser zu verstehen:

1. Markenwerte und Markenkern ermitteln

Mithilfe von KI-basierten Tools lassen sich effizient Informationen über den eigenen Markenwert (siehe Kap. 4 Use Case Nr. 30) ermitteln. Der Markenwert besteht aus den vier Bestandteilen (1) Markenidentität, (2) Markenbedeutung, (3) Reaktion auf die Marke und (4) Markenresonanz.

Der Start begann mit der Ermittlung des eigenen Markenwertes. Das Marketing führte Datenerhebungen (a) unter Ihren Bestandskunden und (b) Ihren potenziellen Kunden durch. Ein hilfreiches KI-basiertes Tool war SurveyMonkey (https://www.surveymonkey.de), das bereits fertige Vorlagen für derartige Datenerhebungen anbietet. Damit konnte das Marketing identifizieren, ob und in welcher Ausprägung die Unternehmensmarke bei Bestandskunden und potenziellen Kunden bekannt war.

2. Markenerscheinungsbild entwickeln oder ein existierendes auf den Prüfstand stellen

Mit den gewonnenen Erkenntnissen wurde eine Designstrategie für die Visualisierungen abgeleitet. Dazu bietet der Use Case »Logoentwicklung« zahlreiche KI-Tools, um schnell zu einem präsentationsfähigen Markenbegriff und zu Markenvisualisierungen zu kommen (siehe Kap. 4 Use Case Nr. 48). Ein KI-Tool war *NAMELIX* (https://namelix.com). Nach Eingabe der am häufigsten genannten Keywords aus obiger Kundenbefragung wurden zahlreiche Namensgebungen, Logoentwürfe etc. angeboten und der Geschäftsleitung präsentiert.

3. Markenkommunikation gestalten und koordinieren

Die Entscheidung wurde anschließend in allen crossmedialen Medien – analog und digital – in der gesamten Kundenkommunikation und Neukundenansprache angewendet. Die Kommunikation sollte nicht marktschreierisch oder euphorisch wirken (»Hier ist das NEUE 3D-Unternehmen, mit dem Sie alles erreichen können!«). Für die Kommunikationsplanung wurden Antworten auf folgende Fragen gefunden: »Wen wollen wir über welche Kanäle mit welchen Botschaften erreichen?« Das »Wen« wurde bereits mit der Zielgruppe aus der Befragung beantwortet. Jetzt wurden vor allem die digitalen Kanäle ausgewählt, in denen sich die Zielgruppe bewegte. Das waren berufliche Netzwerke wie XING oder LinkedIn, aber auch Fachforen und Fachgruppen mit Interesse an 3D-Produktionsverfahren.

Allein in LinkedIn fanden sich mindestens 12 Gruppen mit mehreren Tausend Mitgliedern: siehe https://tip.de/ku37 (Stand 13.10.2021). Die Markenkommunikation besonders in derartigen beruflichen Gruppen konnten mit Social-Media-Management-Tools wie Hotspot und ALFRED besonders effizient koordiniert werden (siehe Kap. 4 Use Case Nr. 37).

4. Markenbotschafter identifizieren für das Weitersagen

Die Markenkommunikation für das Thema 3D-Druck sollte Kunden und Interessenten emotional begeistern, damit die Informationen gezielt mit weiteren Fachleuten und Geschäftspartnern geteilt und damit empfohlen werden konnten. Das war nicht nur betriebswirtschaftlich durch eingesparte Werbemaßnahmen interessant. Auch die Entwicklung von Vertrauensbeziehungen sollte sich später auszahlen.

Die Markenimplementierung war der letzte und wichtigste Schritt dieses Markenprojekts. Sie führte von der Theorie direkt in die Praxis. Mit der Implementierung wurden die Botschaften in alle Kommunikationsmedien einheitlich eingearbeitet. Die Referenzen des Unternehmens wurden aktiv in die Kommunikation eingebunden. Positive Gefühle und Bewertungen für potenzielle Neukunden wurden damit zum alltäglichen Routinegeschäft.

TIPPS FÜR DAS SMARTE MARKETING-TEAM

Entwickeln Sie eine Online-Community (neue LinkedIn-Gruppe) mit fachlich Interessierten zu Ihrem Thema (in unserem Beispiel: 3D-Druck). Bringen Sie sich dort aktiv ein, tauschen Sie sich mit Gleichgesinnten und potenziellen Interessenten aus. Bringen Sie stets Ihre Lösungskenntnisse und Leidenschaften ins Spiel.

Ziel 5: Treffen Sie Vorhersagen über das Kaufverhalten Ihrer Kunden

Kann ein Roboter heute wissen, was Ihre potenziellen Kunden morgen kaufen werden? Der technische Ansatz dazu heißt *»Predictive Analytics«*. Diese Methode ist derzeit der faszinierendste Trend. Predictive Analytics beschreibt die Anwendung von Statistik- und Machine-Learning-Techniken für datengestützte Zukunftsvorhersagen. Mit Predictive Analytics werden Vorhersagen auf Basis des Nutzerverhaltens und demografischer Daten mit hoher Zuverlässigkeit formuliert.

Predictive Analytics verwendet historische Daten, um zukünftige Ereignisse vorherzusagen. Im Allgemeinen werden historische Daten verwendet, um ein mathematisches Modell zu erstellen, das Daten aus vergangenen Trends erfasst und auf dessen Datengrundlage zukünftige Trends von Menschen interpretiert werden. Dieses prädiktive Modell wird auf aktuelle Daten angewendet, um vorherzusagen, was als Nächstes passieren wird, oder um Aktionen vorzuschlagen, mit denen optimale Ergebnisse erreicht werden können.

Im Kern geht es um die Gewinnung von Datentypen, wie etwa Charaktereigenschaften, aktuelle Verhaltensweisen und vergangenes Kaufentscheidungsverhalten. Ein Beispiel für ein KI-Tool heißt Crystal (https://www.crystalknows.com)/ (siehe Kap. 4 Use Case Nr. 37). Das KI-Tool sammelt im LinkedIn-Netzwerk Informationen von Kontakten auf Grundlage des Persönlichkeits-DISG-Modells. Es erstellt ein Persönlichkeitsprofil für jeden beliebigen Kontakt. Dieses unterstützt Entscheidungen in Marketing, Vertrieb und Recruiting. Crystal nutzt ein »implizites Scoring« auf Grundlage des »Predictive Lead Scoring«. Implizite Scores überwachen dabei potenzielles Verhalten.

MERKE:

Viele Unternehmen beachten Ihre Datenschätze nicht. Zu groß ist der »Respekt« vor neuartigen und unbekannten Technologien. Zeigen Sie sich offen gegenüber neuen Technologien.

Ein Beispiel, um die Methode Predictive Analytics besser zu verstehen:

Das 3D-Druckunternehmen war laufend auf der Suche nach neuen Kunden. Es wurden immer wieder persönliche Gespräche geführt, doch die Konversion an der Anzahl der Gespräche und den Vertragsabschlüssen war verbesserungswürdig. Auf 20 Gespräche kam lediglich ein Abschluss.

Das Unternehmen beschloss daher, sein Kundengewinnungsmanagement (Customer-Relationship-Management, CRM) zu verbessern. Eingesetzt wurde u.a. die Software des deutschen Predictive-Analytics-Anbieters Qymatix, einer Sales-Analytics-Software, die leistungsstarke Prognosefunktionen und Module für die Vertriebsplanung und -steuerung leistet und die an das bestehende CRM-System angeschlossen werden konnte.

Die bisher gesammelten Excel-Daten von Bestandskunden und potenziellen Kunden flossen aus einer Excel-Datei in das bestehende CRM-System. Dort wurden die Daten mit Modellen des maschinellen Lernens qualifiziert. Das System war nach einem Jahr imstande, den Kundenstamm tagesaktuell zu segmentieren und Vorhersagen und Prognosen über potenzielle Verkaufserfolge auszugeben.

Die KI-Tools werden seitdem auch im Online-Marketing eingesetzt, um dort das Klickverhalten vorherzusagen und daraus abgeleitet die passenden Botschaften und Werbetexte zur richtigen Zeit zu senden. Damit können heute im Kundenbeziehungsmanagement insbesondere die Marketingkampagnen, die Vertriebsprozesse und die Kundendienstleistungen für Bestandskunden deutlich optimiert werden.

Das Ergebnis: Die Marketingkampagnen werden zielgerichtet und individuell auf den Kunden- und Interessentenbedarf zugeschnitten. Dies führt zu einer erheblichen Konversionssteigerung sowohl aufgrund der Kampagnen als auch im Vertrieb. Die Konversionsrate zwischen Gesprächen und Abschlüssen hat sich seitdem vervierfacht. Es entstanden darüber hinaus weitere Produktideen und Geschäftsmöglichkeiten mit Cross-Selling-Produkten wie Schulungen für die Produktionsteams. Schließlich konnte das 3D-Druckunternehmen seine Bestandskunden besser an sich binden und das Risiko reduzieren, Bestandskunden an den Wettbewerb zu verlieren.

TIPPS FÜR DAS SMARTE MARKETING-TEAM

Ihre Visitenkarten auf Papier sind der Start für ein erstes datengestütztes Marketing. Die Visitenkartendaten gelangen über die Excel-Kundentabelle in das CRM und in das KI-Tool. Der Einstieg ist jederzeit möglich.

Ziel 6: Erzeugen Sie schnell Werbebotschaften und -inhalte

Content-Marketer in kleinen und großen Unternehmen stehen regelmäßig vor der Herausforderung, passende Texte für Webinhalte, Blogposts, E-Mails, Social Media und Werbeanzeigen zu verfassen. Ein KI-Tool für die Texterstellung kann kreative Ideen initiieren und kostengünstige Texte erstellen.

Das KI-gestützte Verfassen von Texten umfasst E-Mail-Betreffs, Überschriften, CTAs, Push-Benachrichtigungen, Textnachrichten und Facebook-Werbetexte. Dadurch bietet es Marketing-Textern die Möglichkeit, sich auf kreatives Schreiben in Langform zu konzentrieren. KI-Tools können die Recherche nach Themen unterstützen und deutlich schneller analysieren, wodurch auf deren Basis vollständige Textprodukte erstellt werden können.

Eine gut durchdachte Botschaft, die die Lösung eines Problems klar zum Ausdruck bringt, ist der Schlüssel zur Gewinnung neuer Kunden. Geben Sie einen Überblick über die Vorteile und nicht nur über die Merkmale Ihrer Lösung, die Ihren Kunden das Leben leichter machen wird.

MERKE:

Vermeiden Sie in Anzeigentexten die tollen Zusatzfunktionen Ihres Produktes. Fokussieren Sie sich stattdessen auf die Vorteile für Ihre Kunden.

Formel für wirksame Texte

Wirksame Werbetexte und -botschaften haben stets vier Eigenschaften: *klar, prägnant, überzeugend und glaubwürdig.* Vermeiden Sie es, über die vielen Funktionen des Produkts oder der Dienstleistung zu schwärmen. Fokussieren Sie besser auf die Vorteile – in unserem Beispiel die 3D-

Drucktechnologien – für den Kunden. Diese genannten vier Eigenschaften liefern den Fokus:

Klar: Wahre Klarheit beginnt damit, Kunden und Ihre Ziele zu verstehen. Ihre Botschaft muss von allen verstanden werden. Sie können Ihre Botschaften und Texte klarer gestalten, indem Sie kleine Wörter, kurze Sätze, Überschriften und Aufzählungspunkte verwenden.

Prägnant: Eine Botschaft besteht aus Informationen in möglichst wenigen Worten.

Überzeugend: Ein interessanter Text muss die Bedürfnisse, Probleme und Wünsche des Lesers/Kunden fokussieren.

Glaubwürdig: Eine Botschaft sollte glaubwürdig sein. Publizieren Sie Ihre Botschaft in ausgewählten analogen und digitalen Medien wie zum Beispiel in Whitepapers und publizierten Kundengesprächen. Diese Medien können wichtige Markenbotschaften vermitteln und gleichzeitig das Vertrauen potenzieller Kunden erhöhen.

Für nahezu alle textlichen Anforderungen (Headlines formulieren, Introtexte & Newsmeldungen verfassen, FAQ und Fragen aus Texten entwickeln, Produkt-Texte erzeugen, Grammatik und Rechtschreibung verbessern, Textwirkung optimieren) unterstützen KI-Tools diese Arbeiten oder nehmen Ihnen diese sogar vollständig ab. Ein KI-Tool für die Optimierung von Textwirkungen ist zum Beispiel Textmetrics (https://www.textmetrics.com/).

TIPPS FÜR DAS SMARTE MARKETING-TEAM

Ein Mittelstandsmarketing besitzt knappe Ressourcen. Gerade dann lohnt sich der Einsatz von KI-Tools. Slogans wie »Vorsprung durch Technik« von Audi wurden in wochenlanger Agenturarbeit erarbeitet. Vergleichbares gelingt Ihnen in wenigen Minuten.

Ziel 7: Senken Sie Ihre Marketingkosten durch interne Prozessoptimierung

Der Einsatz von KI-gestützten Automatisierungs- und Produktionstools trägt dazu bei, die Kosten im Marketing zu verringern. Die höhere Rechenleistung von KI, maschinellem Lernen und Datenvisualisierung kann genutzt werden, um Entscheidungen (halb) zu automatisieren und Daten auf bisher nicht mögliche Weise zu analysieren. Zugleich erhöhen Sie mit der Vereinfachung Ihrer Abläufe die Produktivität.

Sie reduzieren vordergründig die indirekten Kosten. Indirekte Kosten entstehen unabhängig vom Prozess für die Herstellung von Waren und Dienstleistungen. Dazu gehören natürlich die Marketing- und Kommunikationsaufgaben. Steht die Kostensenkung im Vordergrund, können Automatisierung, Künstliche Intelligenz und neueste Technologien dazu beitragen, Potenziale im Bereich der Ausgabeneffektivität zu identifizieren. Geht es um Kostensenkung, befragt man oft die Beratungsgesellschaft McKinsey. Mitarbeiter von McKinsey haben aus der Zusammenarbeit mit 24 größeren Industrieunternehmen festgestellt, dass die indirekten Kosten in 12 bis 18 Monaten um 15 bis 20 Prozent gesenkt werden können (Espel et al. 2021). Hört hört!

Während Großunternehmen ihre Kostenstrukturen permanent zu senken versuchen, bewegt sich das Kostenthema in kleineren Unternehmen auf einem deutlich niedrigeren Niveau. Betrachten Sie Ihr E-Mail-Marketing. Arbeiten Sie schon mit bekannten Tools wie »Cleverreach« oder »Sending-Blue«? Dann nutzen Sie bereits für die Gestaltung und Automatisierung Ihrer E-Mail-Newsletter Arbeitskosten senkende Tools. Dann haben Sie die Erfahrung gesammelt, dass nach einer Einarbeitungszeit in das jeweilige Tool der Arbeitszeitaufwand für E-Mail-Marketing bereits gesenkt werden konnte. Zeitaufwendig bleibt die Reaktion. Für diese können Sie sich durch o. g. KI-unterstützte Tools – wie sie zum Beispiel im obigen sechsten Ziel »Erzeugen Sie schnell Ihre Werbeinhalte und -botschaften« dargestellt wurden – unterstützen lassen. Daraus entsteht ein Bündel von mehreren KI-Tools, die, auf den Arbeitsprozess abgestimmt, letztlich den betriebswirtschaftlichen Nutzen liefern.

MERKE:

Effizienzsteigerung benötigt eine smarte Zusammenstellung der richtigen KI-Tools.

Ein Beispiel, um die Prozessorientierung mithilfe von KI-Tools besser zu verstehen:

Ein anschauliches Beispiel liefert unser 3D-Druckanbieter. Für eines seiner Produkte verwendete das Marketing eine E-Mail-Adressliste auf Excel-Basis für das manuelle Versenden von Massen-E-Mails. Quantitative Öffnungs- und Konversionsraten wurden dabei nicht erhoben. Qualitative Feedbacks und Informationen nach Versand lagen dem Marketing nicht vor. Durch das Versenden von Push-Nachrichten erhoffte sich die Marketingmitarbeiterin einen Penetrationseffekt und hoffte auf Anrufe und schließlich Verkäufe, die sie an die Geschäftsführung kommunizieren wollte.

Hin und wieder griff ein Mitarbeiter zum Telefon und rief einen der Kontakte aus dieser Liste an – wenn nichts Dringendes zu erledigen war. Der zeitliche Aufwand und der empfundene Stress waren hoch. Die knappen Ressourcen waren komplett an die operative Umsetzung gebunden. Für das strategische Marketing und seine Bedeutung zur Weiterentwicklung des Geschäftsmodells fanden Leitung und Team kaum Zeit. Das Unternehmen hatte zwar Routinen entwickelt, die mit dem »Werkeln an kleinen Schrauben« umschrieben werden können. In der Regel lieferten allerdings die Routinen langfristig einen überschaubaren Erfolg an Geschäften.

Das war der Start: Die Abläufe des Marketings und des Unternehmens wurden analysiert. Gezielt wurde ein erstes KI-basiertes Tool in einen vereinbarten Arbeitsablauf integriert. Das erste der drei Marketingziele war es, die Konversion der E-Mail-Newsletter-Kampagnen zu erhöhen, um mehr Besucher auf die eigene Homepage zu lenken. Zweites Ziel war es, schneller und deutlich häufiger mögliche Geschäftspartner aus der Liste zu identifizieren, um drittens mit ihnen in den direkten Austausch und das persönliche Gespräch zu kommen. Datenqualität und Quantität der Kontakte wurden mit einem weiteren KI-Tool zusätzlich qualifiziert. Dazu wurde unter anderem das KI-Tool FULLCONTACT (https://www.fullcontact.com/products/enrich/) genutzt. Die Datenbasis konnte schließlich erweitert und zusätzlich eine Segmentierung eingeführt werden.

Ergebnis: Die Auswahl von Kontakten für die persönliche Ansprache einzelner Kontakte wurde beschleunigt. Der anfängliche Input für Konzeption, Kommunikation und Umsetzung hatte sich bereits nach zwei Monaten amortisiert. Es wurden regelmäßig (!) Gespräche und Besuchstermine bei Kontakten aus der Liste vereinbart und wahrgenommen. Das operative Marketing fokussierte sich auf die Qualität und die Response der digitalen Kommunikation. Nach sechs Monaten wurden schließlich regelmäßige Besprechungen mit der Geschäftsleitung für den Ausbau des strategischen Marketings durchgeführt. Es wurden neue Vertriebsmodelle konstruiert, die darauf basieren, in erster Linie die Bedürfnisse der bekannten Kontakte optimal zu adressieren. Neben der Optimierung der bestehenden Abläufe konnte der Fokus auf die Entwicklung von neuen Geschäfts- und Vertriebsmodellen gelegt werden. Das Unternehmen steigerte summa summarum seinen Reifegrad.

Ziel 8: Klicken Sie sich in den Kopf Ihrer potenziellen Kunden

KI-Tools im Marketing können je nach Softwaretyp und Lernfähigkeit Datenbestände auf Zusammenhänge in Ihren Daten (zum Beispiel Vollständigkeit von Daten, Kundenverhaltensmuster) analysieren und Wechselbeziehungen, zum Beispiel innerhalb von Kundendaten, entdecken. Das war vor wenigen Jahren noch die Aufgabe von speziell ausgebildeten Statistikern, die oft in großen Unternehmen und wissenschaftlichen Instituten anzutreffen sind.

Diese Arbeit wird immer mehr von einer spezifischen KI-Methode namens *Data-Mining* abgelöst. Als Data-Mining bezeichnet man algorithmische Methoden der Datenauswertung, die besonders große und komplexe Datensätze verarbeiten. Data-Mining fasst eine Reihe von unterschiedlichen Verfahren und Methoden zusammen, die es erlauben, Zusammenhänge zu finden und Muster in Daten zu erkennen. Sie übernehmen die mathematischen und statistischen Aufgaben.

Um die Ergebnisse nutzen zu können, muss der Marketer kein Mathematiker oder Statistiker sein. Dafür wird auch niemand extra eingestellt. Ein hauseigener und übergroßer Datenbestand ist ebenfalls nicht notwendig. Für das eigene Marketing werden stattdessen externe Datenbestände genutzt. Interessant für die Marketingpraxis sind insbesondere die Ergebnisse dieser Methodik und die damit einhergehenden Chancen.

Die Einsatzgebiete für Data-Mining sind vielfältig. Hier nehmen wir die Produktionen von Kommunikationsmedien für das 3D-Unternehmen in den Fokus. Dazu gehörten alle analogen und digitalen Medien – von der Kundenansprache bis zur Bestandskundenkommunikation. KI-Tools nutzen Data-Mining-Software, die dem Marketingmitarbeiter bis heute dabei helfen, Wirksamkeitsprüfungen bereits gestalteter Kommunikationsmedien oder von solchen, die sich noch in der Entwicklung befinden, durchzuführen.

Je mehr der Algorithmus mit individuellen Arbeitsinformationen trainiert wurde, umso produktiver und benutzerfreundlicher wurde die Toolnutzung. Die Anwendungen betrafen die Optimierung von Marketingkampagnen und Messekatalogen, Informationsflyer, Newslettergestaltungen, textliche Formulierungen von Kundenansprachen, die Identifizierung von wirksamen Produkt-Keywords für die Erstansprache, die Erstellung von Werbemedien in Kampagnen und die Produktionen von Image- und Produktvideos. Deep-Mining-Tools halfen dabei, Themen, Stimmungen und

Motive in der synchronen menschlichen Kommunikation zu erfassen. Sie lieferten Ergebnisse über die emotionale Verfassung des Gesprächspartners am Telefon oder in Videokonferenzen und übermittelten Informationen über deren Kaufbereitschaft (Stimmungsanalysen) (siehe Kap. 4 Use Case Nr. 2).

MERKE:

Data-Mining-Tools heben die Kunden-Kommunikation auf ein neues Level – mit oder ohne eigene Datenbestände.

Ein Beispiel, um Data-Mining für die Kundenkommunikation besser zu verstehen:

Das 3D-Druckunternehmen hatte in der Vergangenheit bereits zahlreiche Industrieprojekte erfolgreich durchgeführt. Gerade in der Anfangszeit der Unternehmensgründung wurden gemeinsame Entwicklungsprojekte mit den zwei ersten Bestandskunden durchgeführt. Bis heute liegt eine verwertbare Anzahl an Resonanzen vor. Dazu gehören Kundenfeedbacks, Mitarbeiterstatements, Berichte und Diskussionen in den sozialen Medien und Inhalte aus Internet-Fachgruppen.

Diese Inhalte liegen in unterschiedlichen Datenformen vor. Für die Identifizierung, Sammlung und Auswertung benötigte ein Mitarbeiter vor diesem Projekt mehrere Wochen. Ganz abgesehen von der Arbeitszeit ging diese Tätigkeit im operativen Marketingalltag oft im Alltag unter. Damit das Potenzial angehoben und für künftige Kampagnen nutzbar werden konnte, wurden aus den Kundenmeinungen relevante Keywords für die künftige Kundenkommunikation identifiziert und sofort in der Kommunikation eingesetzt. Das KI-Tool *Monkeylearn* (https://monkeylearn.com) half bei der Identifizierung der Keywords (Beispiele: professionell, zuverlässig, menschlicher Umgang, empathisch), die in das neue Imagevideo als gesprochene Worte und als Subtext einflossen.

Mit einem weiteren KI-Tool konnte die erste Fassung des Imagevideos über eine Online-Eyetracking-Analyse untersucht werden. Hier wurde auf einen externen Datenbestand zurückgegriffen. Die Frage lautete: »Werden die Keywords, die von den bisherigen Kunden kamen, auch von neuen potenziellen Kunden wahrgenommen? Die Analyse mit dem KI-Tool *Eyequant* brachte Klarheit: Die Keywords wurden in anderer Typografie und Farbe und an anderer Stelle des Videos platziert (siehe Kap. 4, Use Case Nr. 39). Damit konnte die Wahrnehmung erhöht werden. Die identifizierten Keywords flossen anschließend in das Verkaufsvokabular ein und werden bis heute in den crossmedialen Kommunikationsmedien eingesetzt.

TIPPS FÜR DAS SMARTE MARKETING-TEAM

Einen höheren Reifegrad erreichen Sie mit smarter Kombination mehrerer KI-Tools. Verlieren Sie dabei nicht das Ziel aus den Augen. Einen funktionierenden Prozess können Sie leicht skalieren und die Produktivität konsequent steigern.

Ziel 9: Steigern Sie Arbeitseffizienz und Qualität in der digitalen Kommunikation

Marketingverantwortliche arbeiten in der Regel mit mindestens einer Online-, Kommunikations-, Digitalagentur zusammen. Sie sind von den Leistungen Ihrer Agentur abhängig. Einerseits üben sie die Entscheidungsgewalt bei der Abnahme von Kommunikationsmedien aus. Andererseits ist der Arbeitsalltag durch viele dieser und weiterer Aufgaben fragmentiert und operativ geprägt. Laut einer aktuellen Umfrage des Content-Marketing-Instituts geben 52 Prozent der B2B-Vermarkter an, dass das Marketing in ihrem Unternehmen von einem kleinen Ein-Mann-Team geleitet wird (Newberry 2021).

Betrachten wir ein Beispiel aus der Praxis eines 50-Personen-Unternehmens: Es werden mehrere digitale Grafikentwürfe benötigt. Dazu werden Bilder für den unternehmenseigenen Instagram-Kanal gesucht, die noch in die richtige Bildgröße formatiert werden müssen. Das im vorigen Abschnitt erstellte neue Image-Video muss dringend in die Homepage eingebaut werden. Dazu sind Teasertexte für die Blogbeiträge zu erstellen. Soeben sind die neuen Fotos mit dem Geschäftsführer von einem Kollegen eingetroffen. Die Hintergründe der Bilder müssen dringend ausgetauscht werden. Sie passen nicht zum Corporate Design der Firma. Objekte in Fotos werden freigestellt (vom Hintergrund befreit). Die Aufgabenkette findet kein Ende ...

Herkömmliche Methoden für die Produktion und den Einsatz neuer und digitaler Medieninhalte sind oft nicht der effizienteste Weg, um den wachsenden Bedarf an digitalen Kommunikationsmedien schnell decken zu können. *Synthetische Medien* – von Algorithmen erzeugte Medieninhalte – bieten hingegen eine skalierbare, kostengünstige und schnelle Lösung für die Produktion digitaler Inhalte, von der das Mittelstandsunternehmen profitieren kann.

Dies gilt auch für das aktuelle Top-Medium – den Podcast. Die Podcast-Produktion ähnelt grundsätzlich der einer Radioshow-Produktion: Mikrofon(e), digitales Aufnahmegerät, Aufnahmeraum mit Schallschutzisolierung, Software für Aufnahme und Nachbearbeitung der Tonspur(en). Neben den Anschaffungen und den regionalen Ressourcen, die hierfür zur Verfügung gestellt werden müssten, bedarf es auch eines klaren Prozesses der Produktionsvorbereitung sowie der Aufnahme und Produktionsnachbearbeitung. Erinnern wir uns an das 3D-Druckunternehmen.

MERKE:

KI-Tools ermöglichen synthetische Medienproduktionen.

Ein Beispiel, um Effizienz in der digitalen Medienproduktion besser zu verstehen:

Das 3D-Druckunternehmen produzierte seinen ersten Podcast. In dieser Aufnahme unterhielt sich der Geschäftsführer mit dem Produktionsleiter eines Automobilunternehmens über Implementierung und betriebswirtschaftliche Vorteile der 3D-Drucktechnologie in der Massenproduktion. Die Aufnahme erfolgte im Konferenzraum mit zwei Ansteckmikrofonen und dem Smartphone des Marketingmitarbeiters. Bevor der Podcast veröffentlicht wurde, hörten sich alle Beteiligten und der verantwortliche Marketingmitarbeiter das Ergebnis an. Sie stellten fest, dass die Aufnahme im Hintergrund auffällig rauschte. Gerade in den Sprechpausen war das Rauschen besonders laut. Früher hätte ein ausgebildeter Tontechniker das Rauschen entfernt.

Welches Unternehmen engagierte denn damals und heute einen Tontechniker für das Entfernen eines Rauschens? Die Lösung fand sich stattdessen in Form eines KI-Tools. Dieses ist in der Lage, das Rauschen aus dem Podcast schnell, einfach und zuverlässig herauszufiltern. Die Hörqualität konnte in nur wenigen Minuten verbessert werden. Anschließend wurde für die Podcast-Kanäle von Apple, Spotify, Amazon u.a. noch das Ankündigungsbild im Corporate Design des 3D-Unternehmens erstellt. Hierzu nutzte der Marketingmitarbeiter wiederum ein KI-Tool, mit dem er binnen Sekunden den Geschäftsführer vom Hintergrund des Bildes freistellen konnte. Das Ergebnis kann sich hören und sehen lassen – und das mit kleinem Aufwand.

TIPPS FÜR DAS SMARTE MARKETING-TEAM

KI-Tools machen Medienproduktion für jeden Marketingmitarbeiter möglich. Fördern Sie die digitalen Kompetenzen Ihrer Mitarbeiter. Entwickeln Sie eine lernende Marketingorganisation mit einer Fehlerkultur.

Ziel 10: Erhöhen Sie Ihre Online-Reichweite durch smartes Inbound-Marketing

»Warum sollte mich Online-Reichweite interessieren?«, ist eine häufig gestellte Frage unter B2B-Unternehmern. »B2B funktioniert doch ganz anders als der Konsumgütermarkt« ist die landläufige Überzeugung. Laut einer Studie (Runyon 2020) sollte Reichweite sehr wohl von großem Interesse – für alle Unternehmen – sein. Mehr als die Hälfte der B2B-Führungskräfte geben an, dass die Verkaufszyklen länger dauern als im Geschäftsjahr zuvor.

Die Online-Reichweite zu erhöhen wird auch als *Buzz-Marketing* verstanden. Dieser Marketingansatz grenzt sich vom kontinuierlichen *Outbound-Marketing* ab, für das analoge Massenmedien mit Katalog-, Fernseh-, Radio- und Printwerbung eingesetzt werden. *Inbound-Marketing* ermöglicht demgegenüber, von potenziellen Kunden aktiv aufgesucht und gefunden zu werden. Dazu werden analoge und digitale Kommunikationen crossmedial eingesetzt, um die Kommunikationsreichweite zu erhöhen. Eine kanalübergreifende Reichweitenstrategie hilft B2B-Unternehmen, sich von der Konkurrenz abzuheben und die Markenresonanz auszubauen. Reichweitenmanagement ist die Praxis der Gestaltung öffentlicher Wahrnehmung über eine Marke.

Neben den oben ausgeführten Zielen gehört es zu den Königsdisziplinen, Ihre Markensichtbarkeit komplementär digital aufzubauen und im Internet zu repräsentieren. Untersuchungen zeigen, wie empfänglich Menschen auf Online-Reichweite reagieren. Mehr als 75 Prozent der Menschen vertrauen den Onlineinformationen mehr als Empfehlungen von Personen, die sie kennen. Die vier Social-Media-Plattformen – LinkedIn, YouTube, Twitter und Facebook – haben sich zu einer Größe im B2B-Reichweiten-Management entwickelt. Entgegen der weitverbreiteten Ansicht geben nahezu alle B2B-Vermarkter an, dass soziale Medien ein integraler Bestandteil sind. Für die Reichweite gibt es aber einen totgesagten König: das E-Mail-Marketing.

MERKE:

Wenn es darum geht, die Reichweite Ihres B2B-Marketings zu erhöhen, ist die E-Mail der stärkste Motor, um Ihre digitalen Inhalte zu teilen.

Ein Beispiel, um Buzz-Management besser zu verstehen:

Das Marketing des 3D-Druckunternehmens wollte die Online-Reichweite für das Unternehmen deutlich erhöhen. Es richtete für Besucher ein Blog-Abo auf der Homepage ein. Auf dem Blog wurde ein Fallbeispiel (Best-Practice-Artikel) mit Anwendungsfeldern von 3D-Technologien in der Produktion veröffentlicht. Mithilfe von Texterstellungs-Tools wurde der Artikel mit Fallbeispielen inklusive Kundenaussagen erstellt. Der 3D-Geschäftsführer lieferte passende Botschaften. Der Text wurde mit dem KI-Tool *WORTLIGA* (https://wortliga.de) auf Lesbarkeit und Verständlichkeit für die Zielgruppe überprüft und schließlich redigiert.

Dieser Artikel wurde für den nächsten E-Mail-Newsletter vorgemerkt. Für das Redaktionsmanagement wurde ein Social-Media-Tool (socialpilot o. ä.) lizenziert. Damit plante das Marketing die Versandtermine und wiederholte dieselben Sendungen in den nächsten Wochen mit neuen Überschriften. Weiterhin wurden die Versanderfolge, Öffnungsraten, Klickraten und Lesedauer auf den Blogartikel gemessen und ausgewertet. Wie viele Versendungen wurden geöffnet? Wie oft wurden die Texte weitergeleitet?

TIPPS FÜR DAS SMARTE MARKETING-TEAM

Blog-Abo-E-Mails fördern Vertrauen. Personalisierte E-Mails erhöhen Online-Reichweite und Besucherzahlen. Fordern Sie das Engagement ihrer potenziellen Kunden ein.

Mit diesen Erkenntnissen werden heute über einen Marketing-Funnel (siehe oben Ziel 2) laufend neue Interessenten identifiziert und an das Unternehmen gebunden. Somit ergeben sich aus dem Ziel der Reichweitenerhöhung eine Steigerung der Reputation und neue Kontakte für weitere Kundengespräche.

4. USE-CASE-NAVIGATOR UND KI-TOOLS

Auswahl der Use Cases und der KI-Tools

Der Angebotsmarkt an digitalen und KI-Tools wächst von Tag zu Tag. Das rasante Wachstum an neuen Angeboten und technischen Umsetzungen wird immer unüberschaubarer. Dies stellten wir während der Recherchen und bei der Auswahl der KI-Tools fest. Die Eingrenzung und Zusammenstellung erfolgte für dieses Buch anhand zweier Fragen, die die Struktur für dieses Kapitel vorgeben:

1. **Welche relevanten Aufgaben fallen wiederholt im Marketingalltag an? (Use Cases)**

2. **Wie kann die Aufgabe effizienter und effektiver erledigt werden? (KI-Tools)**

Für die Beantwortung diente uns der eigene Arbeitsalltag aus Agentur und Projektgeschäften, Gespräche mit Marketingverantwortlichen, den Tool-Herstellern und vor allem das individuelle Testen. Einige KI-Tools haben wir seit einiger Zeit selbst im Einsatz. Andere wiederum haben wir auf ihre Marketingpraxis hin überprüft. Jedes KI-Tool untersuchten wir kritisch mit unseren Produktivitätszahlen wie Zeitersparnis, Geldersparnis und Gebrauchstauglichkeit (inklusive der Usability). Ist es tatsächlich produktivitätsfördernd und hilfreich, wie die Homepages es versprechen? Die in diesem Kapitel erwähnten KI-Tools haben den Test bestanden. Sie können bei der Aufgabenerfüllung Zeit sparen, die Kosten im Vergleich zu externen Dienstleistern senken oder besonders nutzerfreundlich und leicht im

Arbeitsalltag einsetzbar sein. Wenn mindestens eines der Kriterien erfüllt wurde, kam es in die engere Auswahl. Die Hersteller selbst hatten keinen Einfluss auf die finale Auswahl der Tools.

Wie nutze ich den KI-Tool-Navigator?

Blättern Sie durch die **Themen** der 50 Use Cases. Unter der Überschrift finden Sie eine Handlungsanforderung, die mit **»Ich möchte …«** beginnt. Sie nennt ein Beispiel für den Einsatz der KI-Tools in einem Satz. Sie erhalten »Hard Facts« über die Investitionshöhe (Ampelsystem: **Grün** = Kostenfrei, Gelb = 1,– bis 1.000,– € pro Jahr, Rot = über 1.000,– € pro Jahr).

Den konkreten Nutzen entnehmen Sie einem Anwendungsbeispiel aus der gängigen Marketingpraxis. Der Screenshot der Anwendung visualisiert eine zentrale Funktion des KI-Tools. Wir haben häufig mehrere KI-Tools pro Use Case aufgeführt. Zu den Herstellerseiten gelangen Sie über den QR-Code oder die URL.

Die Kompetenzen und Fähigkeiten für Personalrecruiting, Personaleinsatz und Personalentwicklung finden Sie am Ende eines jeden Use Case. Mitarbeiter benötigen Grundlagenkenntnisse und Praxiserfahrungen in den folgenden Kompetenzfeldern: Workflows, Kundendaten, Psychologie, Dateimanagement, Audio, Video, Foto, Texten, Typografie und Layout.

Jetzt wünschen wir Ihnen viel Spaß beim Eintauchen und Stöbern …

USE-CASE-NAVIGATOR

1. Sprach-App für Alexa und Google-Assistant erstellen

»Ich möchte eine Anwendung für einen Voice Assistant, zum Beispiel Alexa, erstellen.«

Hard Facts

- **Investition:** ●
- **Zu erwartender Nutzen:** Verbesserung der Reichweite auf neuen Plattformen (Diverse Voice Assistants, zum Beispiel: Amazon Alexa, Google Assistant)
- **Typischer Anwendungsfall:** Bestellvorgänge für Online-Shops vereinfachen, Informationsabfrage zu Produkt oder Dienstleistung ermöglichen

Worum geht es bei diesen Tools?

Ein Voice Assistant ist eine Software, die die Stimme des Nutzers aufzeichnet und verarbeitet. Es können mithilfe Künstlicher Intelligenz Suchanfragen durchgeführt und digitale Assistenten genutzt werden. Mithilfe von ergänzenden Anwendungen (häufig Skills genannt) ist es den Sprachassistenten möglich, weitere Funktionen zu erlernen.

Anwendungsszenario – so funktioniert es

Die Tools zur Erstellung des notwendigen Sprach-Skills besitzen eine grafische Benutzeroberfläche, auf welcher schematisch der Dialog über Funktionselemente (siehe Abbildung 11) visualisiert wird und sich bearbeiten lässt. Die erstellten Skills können für die gängigen Sprachassistenten wie Amazon Alexa oder Google Assistant exportiert und veröffentlicht werden. Hierfür sind sogenannte Entwicklerkonten notwendig, die kostenlos sind.

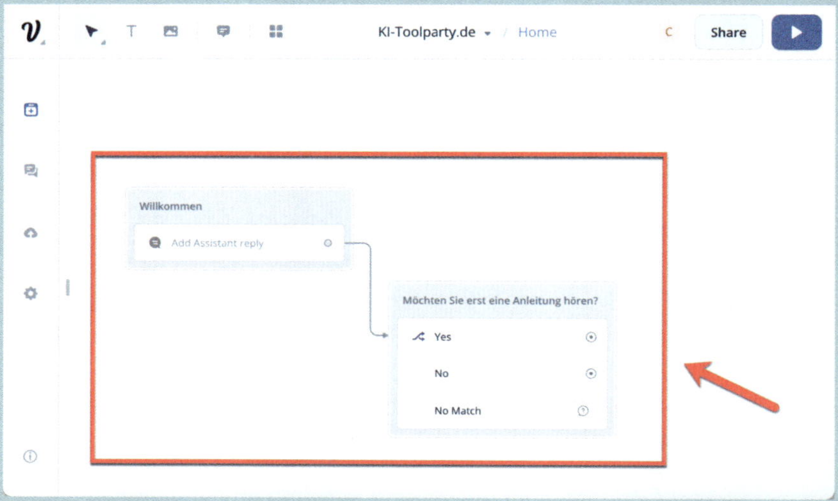

Abbildung 11: konfigurierte Funktionselemente eines Dialogs. Quelle: Voiceflow Inc. (2021)

TOOLS IM ÜBERBLICK		
Anbieter	**URL**	**Multilink**
Voiceflow	voiceflow.com	https://t1p.de/8rec
Alexa Blueprint	blueprints.amazon.de	
Google Actions	console.actions.google.com	
Easyvoice	easyvoice.in	

Entscheidungshilfen

- **Voiceflow** ist leicht verständlich und exportiert die erstellten Skills für verschiedene Assistenten. Es sind sehr viele Möglichkeiten für Fortgeschrittene verfügbar.
- **Alexa Blueprint** ist angenehm zu bedienen und liefert zudem einige Vorlagen für häufig genutzte Anwendungsarten, die weiter editiert werden können. Es lassen sich hiermit nur Alexa Skills erstellen.

- **Google Actions** ist sehr komplex und demnach weniger für Anfänger geeignet. Zudem müssen viele Parameter beim Anlegen eines neuen Projekts erst manuell eingegeben werden.
- **Easyvoice** ist mit Voiceflow vergleichbar. Etwas gewöhnungsbedürftig ist das schwarz-weiße Design der Anwendung ohne Farben zur Unterscheidung.

Welche Fähigkeiten benötigt man für die Anwendung dieses Cases?

- Grundwissen über den Ablauf und Aufbau von Sprachsystemen (zum Beispiel Amazon Alexa)
- Workflowkenntnisse: Konzeption von Ablaufdiagrammen
- Ideal sind erste Erfahrungen mit der Konzeption von Apps

2. Vertriebs-Kampagne emotional boostern

»Ich möchte die emotionale Stimmung in einem potenziellen Kundentelefonat analysieren, um die Kundenbindung zu erhöhen.«

Hard Facts

- **Investition:** ●
- **Zu erwartender Nutzen:** Kundenzufriedenheit erhöhen, Gesprächsanalysen
- **Typischer Anwendungsfall:** Call Monitoring, Routing von Anfragen, Callcenter-Aufgaben

Worum geht es bei diesen Tools?

Die Tools helfen bei der Analyse eines Telefongesprächs mit einem Kunden und bei der Abwicklung vieler Anrufe in einem Callcenter oder in einer Outbound-Call-Aktion.

Anwendungsszenario – so funktioniert es

Die Tools analysieren mithilfe von Künstlicher Intelligenz – wie dem Natural Language Understanding – die Sprache eines Telefongesprächs. Als Ergebnis erhält der gesprächsführende Mitarbeiter (Agent) während des Gesprächs in Echtzeit Informationen über ein Systemdashboard. Dieses gibt Aufschluss zum Beispiel über verwendete Schlüsselbegriffe oder die emotionale Verfassung des Kunden, mit dem gerade gesprochen wird. Zudem wird zum Beispiel anhand eines Scores angezeigt, wie gut sich der Kunde aktuell beraten fühlt. Daraus resultieren konkrete Hilfestellungen, die es dem Agenten ermöglichen, seine Gesprächsgeschwindigkeit anzupassen (siehe Abbildung 12).

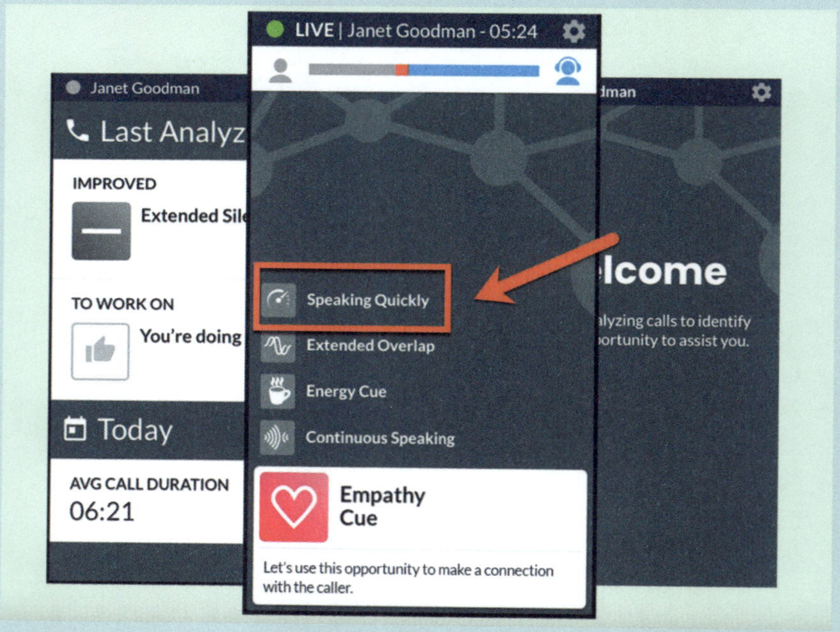

Abbildung 12: Echtzeit-Hinweis für Agent zur Reduzierung der Sprechgeschwindigkeit.
Quelle: Cogita Corp (2021)

TOOLS IM ÜBERBLICK

Anbieter	URL	Multilink
Cogito	cogitocorp.com	https://t1p.de/l9zo
VoiceAnalytics	voiceanalytics.io	

Entscheidungshilfen

- **Cogito** besitzt eine große Anzahl technologischer Partnerschaften.
- **VoiceAnalytics** hat seinen Sitz in Europa.

Welche Fähigkeiten benötigt man für die Anwendung dieses Cases?

- Erfahrungen im Outbound-Marketing (Telefonmarketing)
- Anwendungserfahrungen mit technischer Call-Center-Infrastruktur
- Erfahrungen mit Kunden-Segmentierungen und Arbeit mit Sales-Funnel

3. Datenbasierte Personas für Kundengewinnung entwickeln

»Ich möchte automatisiert neue Personas (Zielgruppen-Personenprofile) erstellen.«

Hard Facts

- **Investition:** ●
- **Zu erwartender Nutzen:** Informationen zu Zielgruppen-Clustern
- **Typischer Anwendungsfall:** Service oder Produktentwicklung, Verstärkung der Personalisierung von Marketingmaßnahmen, zum Beispiel E-Mail-Newsletterversand

Worum geht es bei diesen Tools?

Die Erstellung von Personas hilft bei der Marketingausrichtung, indem sie beleuchtet, wer die Abnehmer sind. Hierzu werden fiktive Personenprofile mit typischen Eigenschaften wie Beruf, Bedürfnisse oder Emotionen erstellt. Mit Natural Language Processing oder auch Natural Language Generation werden Ausgangsdaten analysiert und automatisch Personas generiert. Die so maschinell erstellten Profile sind rein datenbasiert und neutral, da keine Wertung eines Anwenders miteinfließt. Zudem ist eine Aktualisierung der Profile mit Änderung der Daten jederzeit schnell möglich.

Anwendungsszenario – so funktioniert es

Voraussetzung für die Anwendung automatisierter Personas mittels KI sind bestehende Kunden-, Vermarktungs- oder Webanalyse-Daten. Diese Daten werden in die Systeme des entsprechenden KI-Tools über Upload oder mittels einer Schnittstelle eingespeist. Danach erfolgt die Verarbeitung der Daten und die Generierung der einzelnen Personas. Ergebnis ist die Ausgabe von einzelnen Personenprofilen mit Details wie Einkommen, Alter, Beruf, Konsumpräferenzen und weiteren Merkmalen (siehe Abbildung 13).

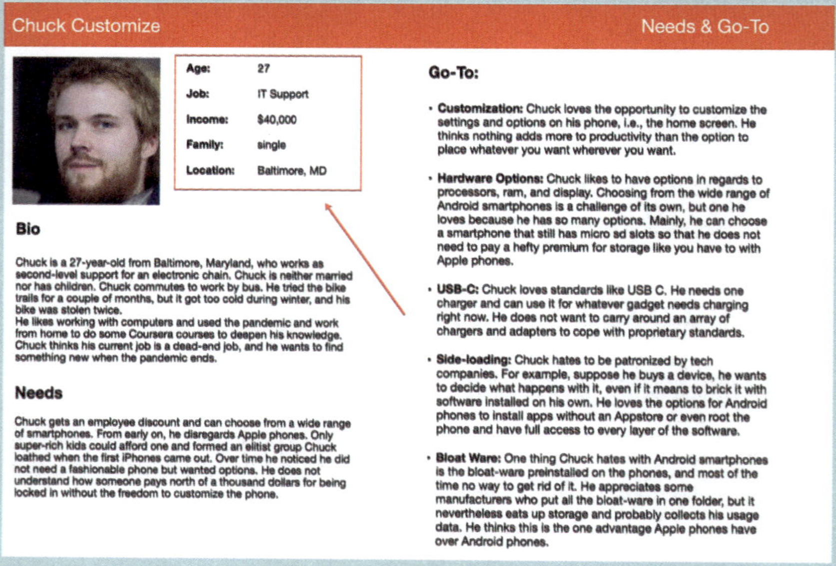

Abbildung 13: Einzelnes Persona-Profil als Ergebnis einer KI-basierten Generierung. Quelle: Mnemonic AI Inc. (2021)

TOOLS IM ÜBERBLICK

Anbieter	URL	Multilink
Mnemonic AI	mnemonic.ai	https://t1p.de/z8oba

Entscheidungshilfen

- **Mnemonic:** vollständige Persona-Generierung inklusive psychografischer Merkmale auf Basis umfangreicher Datenquellen. Persona-Ergebnisse gibt es auch für die deutsche Sprache.

Welche Fähigkeiten benötigt man für die Anwendung dieses Cases?

- Kenntnisse der Persona-Methodiken
- Erfahrungen mit Kunden-Segmentierungen
- Kenntnisse der herrschenden Persönlichkeitsprofile (zum Beispiel Ocean, DISG u.a.)

4. Kontakt- und Supportanfragen automatisch bearbeiten

»Ich möchte Anfragen aus dem Kontaktformular auf unserer Produkt-Landingpage automatisch sortiert und an die richtige Person weitergeleitet haben.«

Hard Facts

- **Investition:**
- **Zu erwartender Nutzen:** Vertriebsanfragen werden sofort und automatisch an die richtige Person weitergeleitet.
- **Typischer Anwendungsfall:** Anfragen aus dem Kontaktformular automatisch sortieren, E-Mail-Anfragen klassifizieren

Worum geht es bei diesen Tools?

Mit Natural Language Processing ist es möglich, unstrukturierte Daten zu klassifizieren. Im Marketing sind die Antwortdaten, die aus Formularen und anderen Kontaktpunkten wie Chat oder E-Mail stammen, oft ungeordnet vorhanden. Ein Mitarbeiter darf diese händisch sortieren und an die passende Person zur finalen Bearbeitung/Beantwortung weitergeben. Hier helfen KI-Tools, die Textdaten automatisiert klassifizieren und nach individuellen Regeln verteilen.

Anwendungsszenario – so funktioniert es

Voraussetzung für die Anwendung automatisierter Textklassifizierung aus unstrukturierten Daten, wie die Formular-Absendung, ist das Training eines entsprechenden Strukturierungsmodells. Dies geschieht größtenteils über den Upload verschiedener Testdaten, die schon eingestuft sind. Mithilfe des maschinellen Lernens wird mit diesem Test-Datenset ein Modell trainiert. Das Modell wird dann an einem Echtdaten-Set getestet und verfeinert. Je nach Tool ist es möglich, dies mit einer regelbasierten Verteilung zu verknüpfen (siehe Abbildung 14).

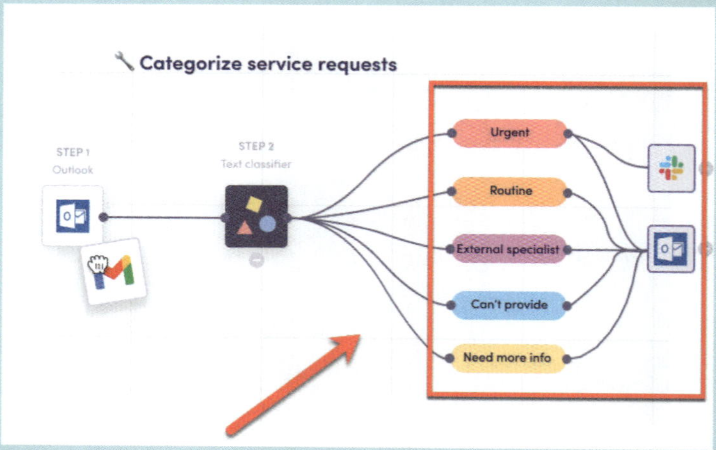

Abbildung 14: Regelbasierte Verteilung an unterschiedliche Kanäle und Empfänger, abhängig von der erkannten Klassifizierung. Quelle: Levity AI GmbH (2021)

TOOLS IM ÜBERBLICK		
Anbieter	**URL**	**Multilink**
Levity	https://levity.ai/	https://t1p.de/n7j9
MonkeyLearn	https://monkeylearn.com/	

Entscheidungshilfen

- **Levity:** Möglichkeit, Klassifizierung mit Workflows zu verbinden, deutschsprachiger Support, Bild und Dokument-Klassifizierung möglich.
- **Monkey Learn:** Free Account mit einer individuellen Klassifizierung, große Anzahl an Schnittstellen wie Sales Force Service Cloud oder Excel.

Welche Fähigkeiten benötigt man für die Anwendung dieses Cases?

- Erfahrungen mit der Organisation von Anfragen (zum Beispiel Ticketsystem u.a.)
- Verständnis von Datenstrukturen
- Workflowkenntnisse: Konzeption von Ablaufdiagrammen
- Dateimanagement (CSV-Konvertierungen, Import/Export von Adressdatenbanken)

5. Große Bilderserien schnell und einfach verschlagworten

»Ich möchte die Bilder meines Kundenevents und der Messe automatisch sortieren und wiederfinden.«

Hard Facts

- **Investition:** ●
- **Zu erwartender Nutzen:** Bildern werden automatisch relevante Schlagworte zugewiesen

- **Typischer Anwendungsfall:** Produktfotoserie erstellen, Webseitenranking verbessern, hohe Bilderanzahl sortieren

Worum geht es bei diesen Tools?

Mit Schlagworten und Metadaten versehene Bilder lassen sich sortieren und leicht wieder auffinden. Auch Suchmaschinen können bei Webseiten mit Bildern die zum Inhalt passenden Schlagworte in den sogenannten Alt-Tags führen und leichter verarbeiten, was zu einem besseren Ranking der Homepage führen kann.

Anwendungsszenario – so funktioniert es

Für die Erstellung von Schlagwort-Vorschlägen wird das ausgewählte Bild vom KI-Tool an einen externen Server geschickt und dort verarbeitet. Das Motiv eines Bildes wird dann analysiert. Das Ergebnis wird in passende Schlagworte übersetzt und zur Auswahl zum Beispiel mittels Kontrollkästchen angeboten (siehe Abbildung 15).

Neben der Zeitersparnis helfen die Tools auch als Gedankenstütze für Ideen beim Finden neuer Schlagworte zu einer Abbildung.

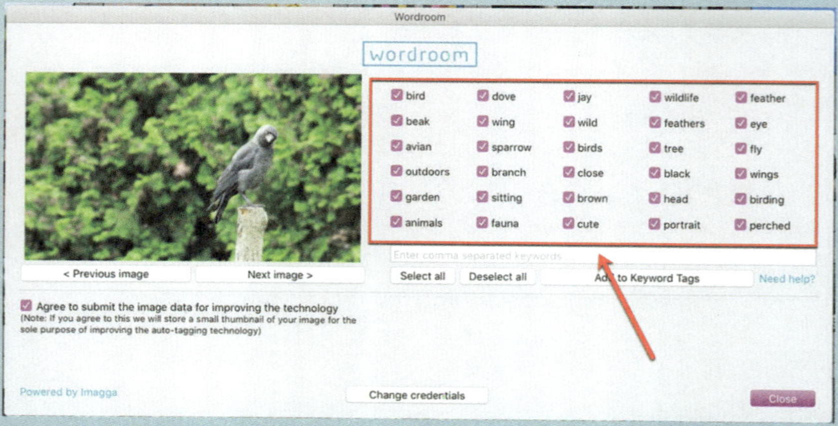

Abbildung 15: Ermittelte Schlagworte werden zur Auswahl angeboten. Quelle: Imagga Technologies Ltd. (2021)

TOOLS IM ÜBERBLICK		
Anbieter	**URL**	**Multilink**
Wordroom	wordroom.org	https://t1p.de/b9r3
Adobe Sensei	adobe.com/de/sensei.html	
Imagga	imagga.com/auto-tagging-demo	
Brandfolder	brandfolder.com	
Skyfish	skyfish.com	

Entscheidungshilfen

- **Wordroom** ist ein kostenloses Plugin für die kostenpflichtige Software Adobe Lightroom Classic.
- **Adobe Sensei** ist Teil der Adobe Suite und bietet eine moderne Oberfläche und eine einfache Bedienung.
- **Imagga** richtet sich an Entwickler. Der angegebene Link ist eine Funktionsdemo, die jeweils für ein Bild kostenfrei ohne Programmierkenntnisse genutzt werden kann.
- **Brandfolder** liefert gute Keywords, ist aber in der Testversion auf fünf Bilder am Tag limitiert.
- **Skyfish** bietet die Möglichkeit, Bilder in einer Cloud zu speichern und somit im Team daran zu arbeiten.

Welche Fähigkeiten benötigt man für die Anwendung dieses Cases?

- Grundverständnis für Verschlagwortung (Semantik)
- Dateimanagement (Import/Export von Bilddateien, Aufbau von Filesystemen)
- sicherer Umgang mit Fotoformaten und Komprimierungen

6. Dokumenteninhalte praktisch zusammenfassen

»Ich muss mich schnell in ein Thema einarbeiten und möchte mehrere PDF-Dokumente zusammenfassen.«

Hard Facts

- **Investition:** ●
- **Zu erwartender Nutzen:** Informationsverdichtung
- **Typischer Anwendungsfall:** Themenrecherche, schneller Einblick in ein Dokument, wissenschaftliches Arbeiten, Keywordrecherche

Worum geht es bei diesen Tools?

Die Tools analysieren Webseiten, Dokumente wie PDFs oder auch Audiofiles wie mp3-Dateien. Sie erkennen die Bedeutung der Inhalte und können dabei die relevanten zusammenfassen.

Anwendungsszenario – so funktioniert es

Ein ausgewählter Inhalt wie ein PDF-Dokument wird zum Beispiel mittels Uploads in das entsprechende Tool eingebracht. Dort erfolgt eine Analyse des Inhalts anhand von Natural Language Processing. Als Ergebnis dieser Verarbeitung werden dann je nach Tool verschiedene Zusammenfassungen wie ein Abstract oder eine Liste von Schlagwörtern (siehe Abbildung 16) ausgegeben. Auch Grafiken, Tabellen und Bilder werden erkannt. Zudem werden die enthaltenen Links und Verweise gefiltert, sodass sich weitere Recherchemöglichkeiten erschließen lassen. Es wird also nicht nur das Lesen eines komplexen Textes erleichtert, sondern auch die Organisation der Quellen und aller Informationen.

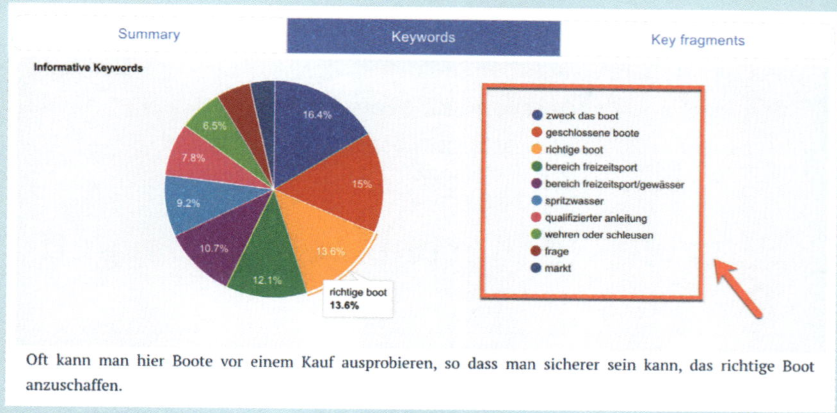

Abbildung 16: Schlagwortliste als Teil-Ergebnis einer PDF-Zusammenfassung. Quelle: SummarizeBot Ltd (2021)

TOOLS IM ÜBERBLICK

Anbieter	URL	Multilink
Genei	genei.io	https://t1p.de/k7gh
Quillbot	quillbot.com/summarize	
SummarizeBot	summarizebot.com	

Entscheidungshilfen

- **Genei** eignet sich zum Anlegen großer Projekte. Kostenfreies 14-tägiges Abo möglich, allerdings derzeit noch auf englischsprachige Dokumente/Texte beschränkt.
- **Quillbot** ist kostenfrei und ohne Anmeldung nutzbar, beschränkt sich aber auf die Verarbeitung von Text, der aus dem Zwischenspeicher eingefügt wird.
- Der **Summarizebot** ist ein Bot, welcher für den Instant Messenger Slack und den Facebook Messenger zur Verfügung steht und unterschiedlichste Formate verarbeiten kann wie .ppt, .pdf, .csv, .eml, .epub, .gif, .jpg, .jpeg

Welche Fähigkeiten benötigt man für die Anwendung dieses Cases?

- Dateimanagement: Multi-Datenmanagement, Aufbau von Filesystemen
- Textkompetenz: Organisation und Management von Texten, Schnelllesetechniken, ausgeprägte Auffassungsgabe

7. Kundenrecherche beschleunigen

»Ich möchte Kontaktinformationen potenzieller Kunden aus dem Internet in kurzer Zeit auslesen und sammeln.«

Hard Facts

- **Investition:** ●
- **Zu erwartender Nutzen:** Zeitersparnis in der Informationsrecherche
- **Typischer Anwendungsfall:** Kontaktinformationen erhalten, Preis- oder andere Wettbewerbs-Informationspunkte automatisiert recherchieren

Worum geht es bei diesen Tools?

Häufig kostet das Sammeln von Daten viel Zeit und Mühe. Bei den hier vorgestellten Tools wird die Datenrecherche automatisiert. Dabei werden je nach Tool Techniken der Künstlichen Intelligenz eingesetzt, die das System trainieren und eine bestimmte Reihe von Prozessschritten (nach Vorgabe) ausführen. Zusätzlich werden weitere KI-Techniken zur Bilderkennung, Textübersetzung oder Spracherzeugung in der Weiterverarbeitung der gesammelten Daten eingesetzt.

Anwendungsszenario – so funktioniert es

Zunächst wird die Datenquelle bestimmt, zum Beispiel mittels Eingabe einer URL oder Upload einer CSV-Datei. Danach folgt die Auswahl eines Extraktions-Bausteins wie die »Erfassung von E-Mail-Adressen« (siehe Abbildung 17). Beide Schritte zusammen bilden dann einen sogenannten Workflow. Nach Start des Workflows werden dann auf den definierten Seiten die gewünschten Informationen gesammelt. Die Ergebnisse können dann in verschiedenen Formaten heruntergeladen und weiter genutzt werden. Die Anbieter haben auch eine Vielzahl von Vorlagen erstellt, die man nutzen kann.

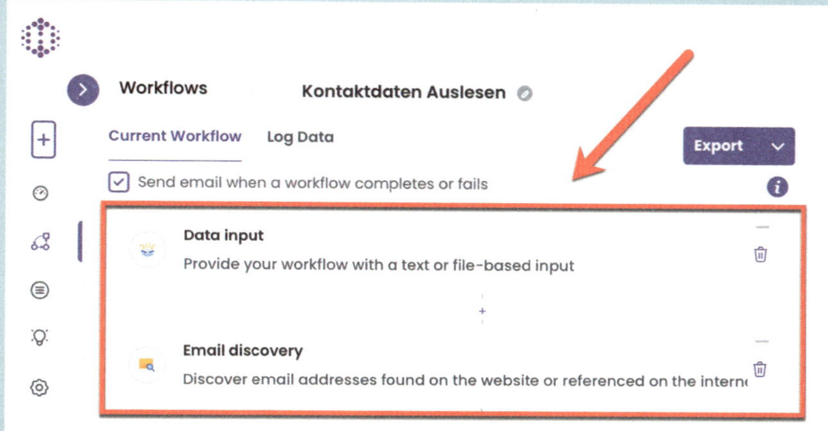

Abbildung 17: Ausgewählte Extraktions-Bausteine. Quelle: Hexact, Inc. (2021)

TOOLS IM ÜBERBLICK

Anbieter	URL	Multilink
Hexact, Inc.	hexomatic.com	https://t1p.de/b63h
Browse AI Inc.	browse.ai	

Entscheidungshilfen

- **Hexomatic**: Es gibt viele vorgefertigte Automationen. Die Handhabung ist eher für Fortgeschrittene geeignet.
- **Browse AI**: Umfangreiche Integration und übersichtliche Vorlagen sind vorhanden. Eine Rekorderfunktion kann die gemachten Schritte aufzeichnen und wiederholen.

Welche Fähigkeiten benötigt man für die Anwendung dieses Cases?

- Dateimanagement: Adressmanagement, Aufbau von Filesystemen, CSV-Transfers, Datenkonvertierungen
- Workflowkenntnisse: Konzeption von Ablaufdiagrammen

8. Umfrageergebnisse von Freitextantworten qualifiziert auswerten

»Ich möchte aus den Antworten einer Produktumfrage für 3D-Druckmaschinen die beliebtesten Funktionen identifizieren und gewichten.«

Hard Facts

- **Investition:** ●
- **Zu erwartender Nutzen:** einfachere Erkennung von Mustern, Trends oder Zusammenhängen.
- **Typischer Anwendungsfall:** Visualisierung von Umfrageantworten, Veranschaulichung eines Themenfeldes, zusammenfassende Wiedergabe von User Generated Content wie Twitter-Meldungen, Rezensionen oder Kommentaren

Worum geht es bei diesen Tools?

Das Verständnis von Texten fällt Lesern leichter, wenn der Inhalt in kleine, leicht verdauliche Textblöcke und Begriffe aufbereitet wird. Wortwolken (Tag-Clouds) liefern eine solche Informationsvisualisierung und erregen aufgrund der Darstellung hohe Aufmerksamkeit. Das hier vorgestellte Cloud-System nutzt Mechanismen der Textklassifizierung aus dem Bereich der Künstlichen Intelligenz. Hierdurch wird, neben der typischen wolkenartigen Darstellung, auch eine Auswertung zur Häufigkeit oder Relevanz der Schlagworte wiedergegeben.

Anwendungsszenario – so funktioniert es

Der zu verarbeitende Text wird mittels CSV-Upload oder Textfeld-Eingabe in das Tool eingespeist. Danach erfolgt auf Knopfdruck die Systemanalyse des Textes. Als Ergebnis erhält man eine Tag-Cloud sowie eine Rangfolgen-Darstellung entweder nach Relevanz oder Häufigkeit (siehe Abbildung 18).

Abbildung 18: Ermittelte Häufigkeiten aus dem analysierten Textinput. Quelle: MonkeyLearn Inc. 2021

TOOLS IM ÜBERBLICK		
Anbieter	**URL**	**Multilink**
MonkeyLearn	monkeylearn.com/word-cloud/	https://t1p.de/4vvm

Entscheidungshilfen

- **MonkeyLearn Wordcloud:** Die zusätzliche kostenpflichtige Toolvariante bietet u.a. Formatierungsmöglichkeiten und erweiterte Downloadoptionen.

Welche Fähigkeiten benötigt man für die Anwendung dieses Cases?

- Dateimanagement: Datenextraktionen, CSV-Transfers, Datenkonvertierungen
- Basiswissen Statistik: Häufigkeiten, Regressionen, Mittelwerte

9. Logovorschläge just-in-time erstellen lassen

»Ich benötige sofort eine Logo-Idee für mein Unternehmen oder mein Projekt.«

Hard Facts

- **Investition:** ●
- **Zu erwartender Nutzen:** Repräsentation des Unternehmens, seriöses Auftreten, Schärfung des eigenen Markenprofils
- **Typischer Anwendungsfall:** erste Ideen, neue Markenidentität, Marketing in der Produktentwicklung

Worum geht es bei diesen Tools?

Ein Logo setzt sich zusammen aus einem Bildzeichen und einer Wortmarke, welche zusammen die Identität des Unternehmens zeigen sollen und als Wiedererkennungsmerkmal auf unterschiedlichen Medien wie Webseiten, Visitenkarten etc. fungieren.

Anwendungsszenario – so funktioniert es

Mit diesen Tools lassen sich in wenigen Schritten Ideensammlungen mit einfachen Logos erstellen, welche als Inspiration dienen. Dazu erfasst der Anwender die Branche seines Unternehmens, sowie einen gewünschten Look & Feel. Anhand dieser Angaben werden aus einer großen Auswahl an vorgefertigten Icons, Schriftarten und Farben einige Logos erstellt (Ergebnis-Beispiel siehe Abbildung 19), die oft noch weiter editiert werden können. Auch die Einsatzbereiche eines Logos auf verschiedenen Medien können einige Tools simulieren.

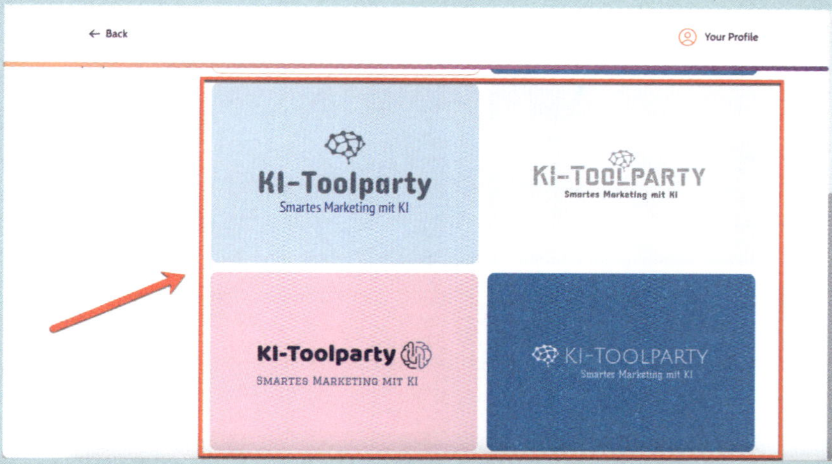

Abbildung 19: Ergebnisse einer Logo-Generierung. Quelle: Wix.com, Inc. (2021)

TOOLS IM ÜBERBLICK

Anbieter	URL	Multilink
looka	looka.com	https://t1p.de/x3fj
freelogodesign	editor.freelogodesign.org/de	
brandcrowd	www.brandcrowd.com	
hatchful	hatchful.shopify.com	
wix	wix.com/logo/maker	
DesignEvo	designevo.com	
TailorBrands	studio.tailorbrands.com	

Entscheidungshilfen

- Bei **looka** fällt die Bedienung sehr leicht. Die Ergebnisse sehen hochwertig aus, sind untereinander aber recht ähnlich.
- **freelogodesign** liefert sehr kreative, unterschiedliche Entwürfe, die gut zu jedem Thema passen. Auch auf Deutsch verfügbar. Einige der Logoentwürfe wirken aber optisch etwas chaotisch.
- Bei **brandcrowd** werden Logos anhand von Keywords/Themen erstellt, wodurch sie meist hervorragend passen.
- **hatchful** liefert sehr schlichte Entwürfe, die sich nicht für jede Branche eignen.

- **wix** liefert sehr ansprechende Logos, die auch in verschiedenen Anwendungen, zum Beispiel auf der Webseite oder im Druckbereich gezeigt werden. Zudem ist es auch auf Deutsch verfügbar.
- **DesignEvo**: Aus einer Liste von 10.000 verschiedenen Vorlagen können Entwürfe erkundet, ausgewählt und modifiziert werden.
- **TailorBrands**: Die Vorschläge passen zu jeder Unternehmensbranche. Mockups können für Visitenkarten, Webseiten, Mobilwebseiten usw. ausgegeben werden. Zudem ist es deutschsprachig verfügbar.

Welche Fähigkeiten benötigt man für die Anwendung dieses Cases?

- Grundsätzliches Verständnis von Typografie und Layout
- Gesetze der guten Gestaltung
- Anwendungswissen in Farbtypologien und -gestaltung
- Sicherer Umgang mit unterschiedlichen Bildformaten und Komprimierungstechniken

10. Aus einem Podcast kurze Werbevideos erstellen

»Ich will einen Auszug aus meinem Podcast erstellen und als Video mit Untertiteln in LinkedIn und Instagram posten.«

Hard Facts

- **Investition:** ●
- **Zu erwartender Nutzen:** Visualisierung von Sprachinhalten
- **Typischer Anwendungsfall:** Promotion von Multimediaprodukten wie zum Beispiel Podcast-O-Ton-Zitate auf Instagram

Worum geht es bei diesen Tools?

Audioformate oder Videos, bei denen die Sprachspur den Hauptinhalt darstellt, können auf visuell orientierten Plattformen wie Instagram nur bedingt in der originären Dateiform sinnvoll verbreitet werden. Hilfreich ist es, die Sprachinhalte auch visuell zu präsentieren, zum Beispiel als Untertitel oder animierten Text.

Anwendungsszenario – so funktioniert es

Mit diesen Tools wird mithilfe von KI-Spracherkennung aus einer vom Nutzer hochgeladenen Audio- oder Videodatei der gesprochene Text automatisch erkannt. Der so erkannte Text kann dann zum Beispiel in ein Video mit Untertitel automatisch überführt werden. Ein häufiger Anwendungsfall, den die Tools ebenfalls abdecken, ist es, nur einen ausgewählten Teil zu visualisieren (siehe Abbildung 20), um diesen zum Beispiel als Podcast-O-Ton-Zitat zu verbreiten.

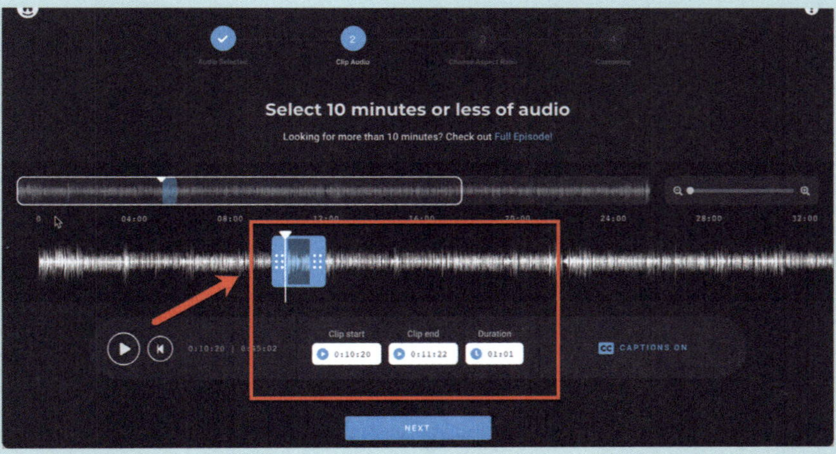

Abbildung 20: Auswahl eines bestimmten Abschnitts der Audiodatei zur Visualisierung. Quelle: SpareMin Inc. 2021

TOOLS IM ÜBERBLICK		
Anbieter	**URL**	**Multilink**
SpareMin	headliner.app	https://t1p.de/gfkou
Descript	descript.com/audiograms	

Entscheidungshilfen

- **Headliner.app**: klassischer Editor mit automatischer Untertitel-Funktion
- **Descript Audiograms**: Video-Editing wie in einem Texteditor, sehr einfach und zeitsparend

Welche Fähigkeit benötigt man für die Anwendung dieses Cases?

- Grundkenntnisse in Audio- und Videoschnitt

11. Texte, die automatisch verkaufen

»Ich möchte für jede individuelle Zielgruppe wirkungsstarke Verkaufsbotschaften erzeugen.«

Hard Facts

- **Investition:** ●
- **Zu erwartender Nutzen:** Passende Formulierungen pro Kundenkontakt
- **Typischer Anwendungsfall:** Anwendung bei E-Mails, Websites oder Blogbeiträgen im Marketingumfeld zur Umsatzsteigerung

Worum geht es bei diesen Tools?

Je nach Zielgruppe kann sich eine erfolgreiche Tonalität und Sprachwahl massiv unterscheiden. Das hier vorgestellte Tool analysiert mit dem Natural Language Processing einen eingebrachten Text in Bezug auf einen bestimmten Zielgruppen-Typus. Danach erhält man Empfehlungen zur Optimierung des Textes, um eine wirkungsstärkere Ansprache zur Zielgruppe zu erreichen.

Anwendungsszenario – so funktioniert es

Im Online-Dashboard ist es möglich, Texte auf ihre Formulierung hin zu analysieren. Neben der Auswahl der Textart, zum Beispiel Stellenangebot, Blogpost oder E-Mail, bedarf es nur noch der Festlegung eines Personenprofils (siehe Abbildung 21). Der eingegebene Text wird dann mit den Anforderungen des ausgewählten Zielgruppenprofils abgeglichen und Verbesserungsvorschläge werden angezeigt.

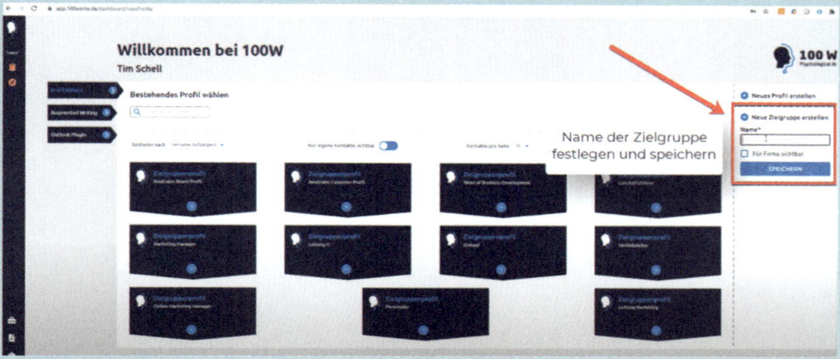

Abbildung 21: Erstellung eines Personenprofils. Quelle: 100 Worte Sprachanalyse GmbH (2021)

TOOLS IM ÜBERBLICK

Anbieter	URL	Multilink
100 Worte Sprachanalyse GmbH	www.100worte.de	https://t1p.de/dmzs

Entscheidungshilfen

- **100 Worte**: Kostenlose Testversion für 14 Tage, Outlook-Plug-in verfügbar mit automatisierter Profileinstufung.

Welche Fähigkeiten benötigt man für die Anwendung dieses Cases?

- Beherrschung und Anwendung von Zielgruppenmethoden: Persona-Entwicklung
- Kenntnisse der herrschenden Persönlichkeitsprofile (zum Beispiel Ocean, DISG, u.a.)
- Erfahrungen mit der Erstellung von Kommunikations- und Werbetexten
- Organisation von Corporate-Content
- Kenntnisse in Dialog- und Direktmarketing

12. Einzigartige, sorgenfreie Modellfotos erzeugen

»Ich benötige sofort ein Porträtfoto für einen Flyer ohne Fotoshooting.«

Hard Facts

- **Investition:** ●
- **Zu erwartender Nutzen:** Repräsentation des Unternehmens, seriöses Auftreten, Schärfung des eigenen Markenprofils
- **Typischer Anwendungsfall:** Werbemedien, zum Beispiel Flyer und Landingpages, mit passenden verkaufsfördernden Personenbildern erstellen.

Worum geht es bei diesen Tools?

Bei der Verwendung von Bilddateien mit Gesichtern ist immer besondere Vorsicht geboten, da hier Persönlichkeitsrechte geschützt werden müssen. Eine Künstliche Intelligenz generiert Bilder von Gesichtern, die täuschend echt aussehen, nur keine echten Menschen zeigen. Häufige Einsatzfelder sind Landingpages oder auch benutzerdefinierte Avatare für Mockups. Für den internationalen Einsatz im Marketing können Gesichter auch abgewandelt werden, zum Beispiel um Anpassungen je nach Region oder Demografie vorzunehmen.

Anwendungsszenario – so funktioniert es

Die Tools bieten die Möglichkeit, aus einem Pool von fertigen Gesichts-Bildern zu wählen. Außerdem generieren sie anhand verschiedener Kriterien (Geschlecht, Alter, siehe Abbildung 22) ein neues Gesichts-Bild anhand gewählter Einstellungen. Die Arbeitsweise dieser Tools sieht so aus, dass ein System, das mit Mechanismen der Künstlichen Intelligenz, wie zum Beispiel Deep Learning, Bilder echter Menschen analysiert werden. Je mehr Bilder diese Analyse durchlaufen, desto mehr verbessert sich die KI durch die gewonnenen Informationen. So können Eigenschaften eines Gesichtes wie Emotion, Ethnizität und Geschlecht erkannt werden. Anhand von

Trackingpunkten werden Datenbanken zu Anordnung und Abstand von Augen, Nase und Mund angelegt. In einem zweiten Schritt können dann nach voreingestellten Parametern aus den gewonnenen Informationen neue Gesichter zusammengesetzt werden. Aus diesem Pool generierter Bilder kann der Benutzer oder Kunde dann wählen.

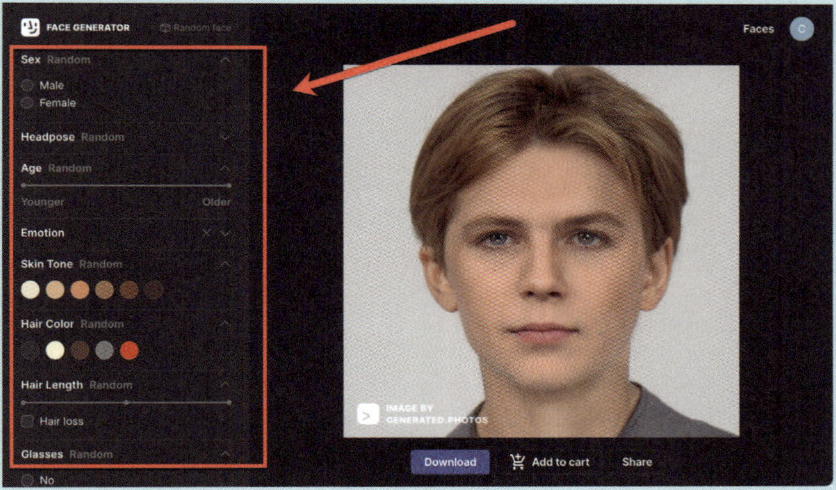

Abbildung 22: Auswahl von verschiedenen Parametern zur Gesichtsgenerierung. Quelle: Generated Media, Inc. (2021)

TOOLS IM ÜBERBLICK

Anbieter	URL	Multilink
Rosebud AI	rosebud.ai	https://t1p.de/xmxz
Generated Photos	generated.photos	
Ganvatar	Ganvatar.com	
This Person does not exist	thispersondoesnotexist.com	

Entscheidungshilfen

- **Rosebud AI**: Hochgeladene Bilder können abgewandelt werden, kostenlos in der Basisfunktion, detaillierte Änderungen kostenpflichtig.

- **Generated Photos**: Große Datenbank kann durchsucht werden. Filterung nach »ähnlichen Gesichtern« möglich, kommerzielle Nutzung nur gegen Bezahlung.
- **Ganvatar**: Wenig Möglichkeiten, vordergründig zum Testen und für den privaten Gebrauch nutzbar, gewünschtes Profilbild kann nicht ohne weiteres heruntergeladen werden.
- **thispersondoesnotexist**: Liefert mit jedem Aufruf ein künstlich erzeugtes Bild, das immer unterschiedlich ausfällt, keine Einstellmöglichkeiten.

Welche Fähigkeiten benötigt man für die Anwendung dieses Cases?

- Erfahrung mit der Auswahl von Personenbildern im Marketing-Einsatz
- Dateimanagement (Import/Export von Bilddateien)
- Kenntnisse der Bildbearbeitung (Konvertieren, Komprimieren, Größenanpassungen)

13. Bildgestaltung schnell überprüfen

»Ich möchte Grafikentwürfe auf unsere Schriftart und Firmenfarben automatisch überprüfen lassen.«

Hard Facts

- **Investition:** ●
- **Zu erwartender Nutzen:** Vereinfachung und Absicherung der Corporate Identity (CI)
- **Typischer Anwendungsfall:** Prüfung von Produktbildern, Anzeigenentwürfe oder anderweitiges Bildmaterial im Marketing auf Einhaltung der CI-Richtlinien

Worum geht es bei diesen Tools?

Im Marketingbereich wird sehr viel mit Bildmaterial gearbeitet, das häufig von (externen) Freelancern bezogen wird. Um einen konsistenten Auftritt zu gewährleisten, wird das Bildmaterial den CI-Richtlinien wie Farben oder

Schriftarten angepasst. Mithilfe von Techniken wie »Image Classification« ist es im Bereich der KI möglich, Bilder nach bestimmten Merkmalen maschinell zu analysieren.

Anwendungsszenario – so funktioniert es

Voraussetzung für die Anwendung automatisierter Bildklassifizierung ist das Training eines entsprechenden Erkennungsmodells. Dies geschieht meist über den Upload verschiedener Bilder, die schon eingestuft sind, d.h. mit Kategorien versehen sind. Das System ermittelt dann zum Beispiel aus den Testdaten die Kategorien (siehe Abbildung 23). Mithilfe des maschinellen Lernens wird mit diesem Test-Datenset ein Modell trainiert. Das Modell wird dann an einem Set mit neuen Bildern getestet und verfeinert. Mit dem hier vorgestellten Tool ist es möglich, dies mit einer regelbasierten Weiterverarbeitung zu verknüpfen.

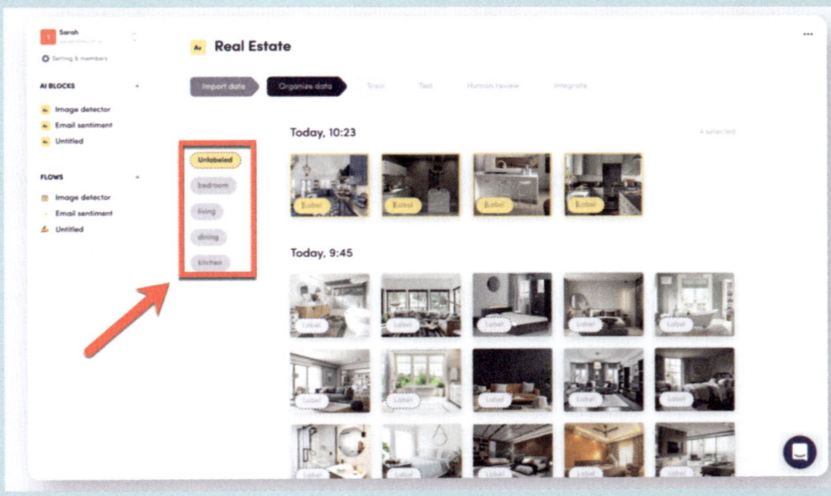

Abbildung 23: Ermittelte Kategorien aus dem analysierten Testdaten-Set. Quelle: Levity AI GmbH (2021)

TOOLS IM ÜBERBLICK		
Anbieter	**URL**	**Multilink**
Levity	levity.ai	https://t1p.de/z7q5

Entscheidungshilfen

- **Levity**: Möglichkeit die Klassifizierung mit Workflows zu verbinden, deutschsprachiger Support, auch Dokument- und Textklassifizierung möglich

Welche Fähigkeiten benötigt man für die Anwendung dieses Cases?

- Erfahrung in der Konzeption von Corporate Designs (CD-Handbücher, CI-Richtlinien etc.)
- Kenntnisse der Bildbearbeitung (Konvertieren, Komprimieren, Größenanpassungen)
- Workflowkenntnisse: Konzeption von Ablaufdiagrammen

14. Mit korrekten und leicht lesbaren Texten potenzielle Kunden ansprechen

»Ich möchte meine Homepagetexte sofort Korrekturlesen und auf Lesbarkeit überprüfen lassen.«

Hard Facts

- **Investition:** ●
- **Zu erwartender Nutzen:** fehlerfreie und gut lesbare Texte
- **Typischer Anwendungsfall:** Webseiten-Launch, Kundenpräsentationen, E-Mails, Prospekte

Worum geht es bei diesen Tools?

Grundvoraussetzung für ein seriöses Auftreten mit den eigenen Texten beim Empfänger ist ein fehlerfreies Deutsch. Doch trotz mehrfacher Überprüfung fallen Tippfehler oft nicht auf und landen ungewollt in der E-Mail-Korrespondenz oder auf der eigenen Webseite. Nicht nur den Betrachter ärgern Fehler, auch Suchmaschinen bestrafen die Seite mit einem schlechteren Ranking. Die Textanalyse-Tools finden Fehler und sparen im Vergleich zu einem Lektor Zeit und Geld für Rechtschreibung und Grammatiküberprüfungen. Weiterhin kann die Lesbarkeit deutlich verbessert werden.

Anwendungsszenario – so funktioniert es

Der zu überprüfende Text wird über ein Eingabefeld eingelesen oder direkt mit einem Browser-Plug-in ausgewählt. Die Tools prüfen dann den Text auf unterschiedliche Aspekte wie Verständlichkeit, Grammatik oder Rechtschreibung. Als Ergebnis wird zum eingebrachten Text eine Reihe von Empfehlungen ausgegeben. Zur leichteren Auffindbarkeit werden hierbei die Stellen mit den Optimierungsvorschlägen farblich gekennzeichnet (siehe Abbildung 24).

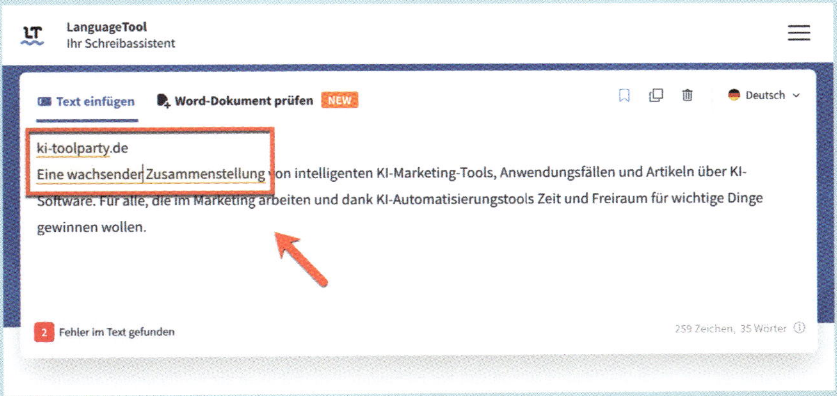

Abbildung 24: Farbliche Kennzeichnung von Optimierungsvorschlägen. Quelle: LanguageTooler GmbH (2021)

TOOLS IM ÜBERBLICK		
Anbieter	**URL**	**Multilink**
Wortliga	wortliga.de/textanalyse	https://t1p.de/0k3q
Languagetool	languagetool.org/de	
Duden-Plugins	mentor.duden.de	
Grammarly (nur Englisch)	grammarly.com	

Entscheidungshilfen

- **Wortliga** orientiert sich am Modell des Hamburger Verständlichkeitskonzeptes. Texte werden umfangreich auf viele verschiedene Punkte hin überprüft. Die Oberfläche bedarf etwas an Eingewöhnung.
- **Languagetool**: Oberfläche sehr aufgeräumt gehalten, Überprüfung von Informationen aus dem Text auf ihre Richtigkeit mithilfe Künstlicher Intelligenz auch als Plug-in verfügbar
- **Duden-Plug-in**: keine Prüfung auf Verständlichkeit, Schwerpunkt auf Rechtschreibung, auch als Plug-in verfügbar.
- Für englische Texte: **Grammarly** ist eine Browsererweiterung (Firefox und Chrome) und überprüft mithilfe Künstlicher Intelligenz die Texte; allerdings nur auf Englisch nutzbar.

Welche Fähigkeiten benötigt man für die Anwendung dieses Cases?

- Sprachkenntnis und -verständnis, um gefundene Fehler oder Vorschläge einordnen zu können (kein Sprachlerntool)
- Erfahrungen in der Erstellung von Kommunikations- und Werbetexten für Print und Digital

15. Gesichter auf Fotos und Videos unkenntlich machen

»Ich möchte auf unseren Messefotos unbeteiligte Personen unkenntlich machen, um das Bild für mein Marketing zu nutzen.«

Hard Facts

- **Investition:** ●
- **Zu erwartender Nutzen:** Rechtssicherheit bei der Veröffentlichung von Personenbildern
- **Typischer Anwendungsfall:** Pressearbeit, Fotos mit Kunden veröffentlichen, nicht geklärte Bildrechte

Worum geht es bei diesen Tools?

Fotos, auf denen Personen zu erkennen sind, dürfen aufgrund des Persönlichkeitsrechts und Datenschutzes nicht ohne Zustimmung veröffentlicht und weder privat noch gewerblich genutzt werden. Ein bewährtes Vorgehen, um Bilder ohne Zustimmung verwenden zu können, ist es, in solchen Fällen Gesichter unkenntlich machen.

Anwendungsszenario – so funktioniert es

Die Tools analysieren sowohl Bilder als auch Videos und erkennen Gesichter, die im Material vorkommen. Diese werden dann durch schwarze Balken oder Verwischungen (siehe Abbildung 25) unkenntlich gemacht. Bei einem manuellen Vorgehen ist dies insbesondere bei Videos mit einem erheblichen Zeitaufwand verbunden. Auch bei großen Menschenmengen können in diesem Fall Gesichter schnell übersehen werden. Die Tools hingegen können angewiesen werden, bestimmte Personen unkenntlich zu machen und andere Gesichter wiederum unbearbeitet zu lassen.

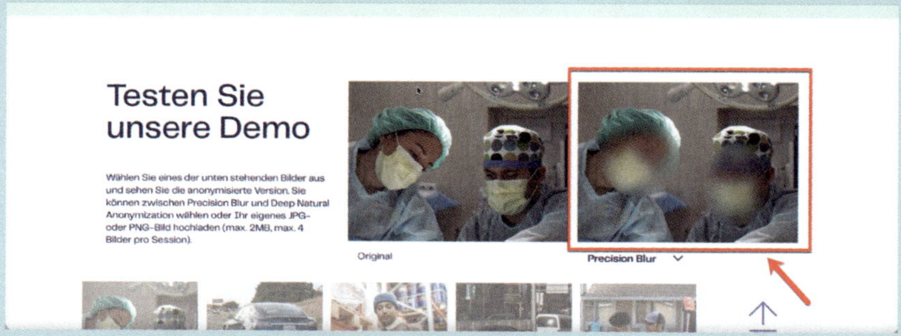

Abbildung 25: Automatisiert unkenntlich gemachte Gesichter durch Verwischen. Quelle: Brighter AI Technologies GmbH

TOOLS IM ÜBERBLICK		
Anbieter	**URL**	**Multilink**
Faceblur	www.faceblur.app	https://t1p.de/rkkv
AEScripts	aescripts.com/blace	
Brighter	brighter.ai	

Entscheidungshilfen

- **Faceblur** schwärzt automatisch Gesichter aus Fotos und ist kostenlos.
- **AEScripts** ist ein Plug-in für After Effects, das professionelle Ergebnisse liefert, dafür allerdings auch komplizierter in der Anwendung ist.
- **Brighter.ai** kann neben Bildern auch Videos verarbeiten. Es gibt eine kostenlose Testversion.

Welche Fähigkeiten benötigt man für die Anwendung dieses Cases?

- Grundkenntnisse der Bild- und Videobearbeitung (Konvertieren, Komprimieren, Größenanpassungen)
- Dateimanagement (Import/Export von Bilddateien, Aufbau von Filesystemen mit sehr hohem Bearbeitungsaufwand)

16. E-Mail-Textvorschläge schreiben lassen

»Ich möchte einen individuellen Text für eine Willkommens-E-Mail verfassen.«

Hard Facts

- **Investition:**
- **Zu erwartender Nutzen:** Zeitersparnis, kreative Inspiration
- **Typischer Anwendungsfall:** Generierung von Willkommens- oder Bestätigungs-E-Mails, Aufbau von E-Mails für eine Marketing-Automations-Sequenz

Worum geht es bei diesen Tools?

Die Tools nutzen Natural Language Processing, um bestimmte Texttypen zu generieren. In diesem Beispiel nennen wir die E-Mail, deren Text vom KI-Tool schnell erstellt wird. Die Entwürfe dienen zur Inspiration und geben dem Mitarbeiter erste Formulierungen an die Hand.

Anwendungsszenario – so funktioniert es

Durch Anwahl des gewünschten Textergebnisses »E-Mail« richtet sich das entsprechend gewählte Tool auf die passende Texttypengenerierung aus. Danach werden Informationen über das Unternehmen oder Kernpunkte, die in den E-Mails aufgegriffen werden sollen (siehe Abbildung 26), eingegeben. Anschließend erfolgt die Ausgabe des generierten E-Mail-Textes meist in einem Editor. Dort können anschließend die Inhalte bearbeitet, formatiert und in andere Programme übertragen werden.

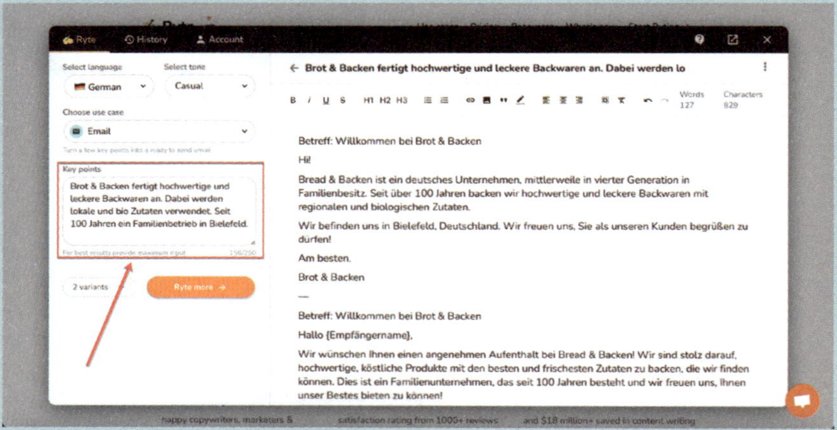

Abbildung 26: Eingabe von Kernpunkten für die E-Mail. Quelle: HELP Inc. (2021)

TOOLS IM ÜBERBLICK		
Anbieter	**URL**	**Multilink**
Write Sonic	writesonic.com	https://t1p.de/66pb
Rytr	rytr.me	
Copy.ai	www.copy.ai	

Entscheidungshilfen

- **Rytr**: integrierter Grammatikprüfer; Möglichkeit, die Texte zu formatieren; eingeschränkt kostenlos verfügbar.
- **Writesonic**: Ergebnis mittelmäßig; nach Testversion nur kostenpflichtige Nutzung möglich.
- **Copy.ai**: Detailauswahl nach Willkommens-, Stornierungs-, Bestätigungs- oder Follow-Up-E-Mail; nach Testversion nur kostenpflichtige Nutzung möglich.

Welche Fähigkeiten benötigt man für die Anwendung dieses Cases?

- Erfahrungen im E-Mail-Marketing
- Kenntnisse in Dialogmarketing und Direktmarketing
- Denken in Verkaufs- und Marketingtrichtern
- Beherrschung und Anwendung von Zielgruppenmethoden: Persona-Entwicklung

17. FAQ-Texte automatisch erstellen lassen

»Ich möchte für unsere Homepage eine Liste häufiger Fragen und Antworten (FAQ) für unsere Kunden erstellen.«

Hard Facts

- **Investition:**
- **Zu erwartender Nutzen:** Zeitersparnis, da Textideen vorgegeben werden
- **Typischer Anwendungsfall:** FAQ-Listen für Websites, FAQ für eine Produkt-Landingpage, FAQ für erklärungsbedürftige Produkte

Worum geht es bei diesen Tools?

FAQ steht für »frequently asked questions« und bezieht sich auf eine Ansammlung von Fragen, die von Kunden und Interessenten oft gestellt werden. Fragen zu sammeln und sie in Schriftform zu übersetzen ist arbeitsintensiv. Inspirationen können helfen, automatisiert Beispielantworten und -fragen für eine FAQ-Liste zu erstellen und anschließend von Hand zu optimieren.

Anwendungsszenario – so funktioniert es

Diese Tools benötigen zunächst ein Set an Informationen (siehe Abbildung 27): Namen des Unternehmens, Unternehmensart (zum Beispiel Bäckerei), Dienstleistung, Produkt. Demzufolge können die vorgestellten Tools entweder weitere Fragen und/oder Antworten vorschlagen. Die Ergebnisvorschläge können dann – je nach Tool – auf unterschiedliche Weise weiterbearbeitet werden (Favorisierung, Plagiatsprüfung, Übersetzung etc.).

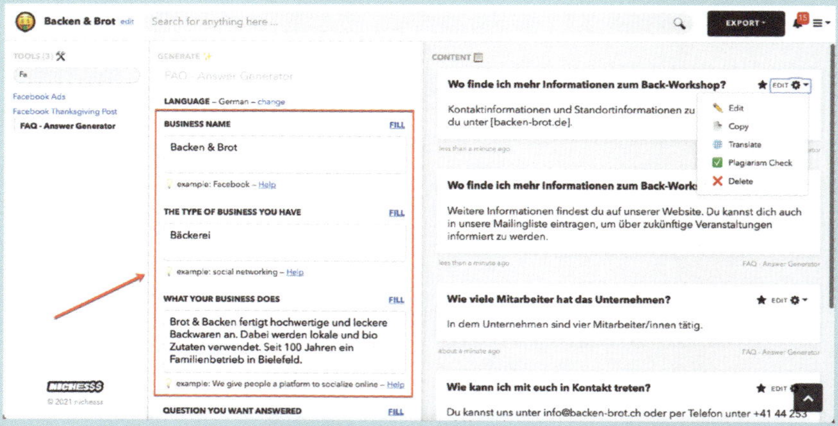

Abbildung 27: Anlage eines Input-Sets an Informationen für die Generierung. Quelle: Nichess (2021)

TOOLS IM ÜBERBLICK		
Anbieter	**URL**	**Multilink**
Copysmith	copysmith.ai	https://t1p.de/any8t
Rytr	rytr.me	
Nichess	nichesss.com	

Entscheidungshilfen

- **Copysmith**: nur FAQ-Fragen-Generierung
- **Rytr** generiert Fragen und Antworten; das Teuerste der drei Tools.
- **Nichess**: 56 Templates für weitere unterschiedlichste Textbedarfe; auch FAQ-Antwortenerstellung möglich.

Welche Fähigkeiten benötigt man für die Anwendung dieses Cases?

- Tieferes Verständnis für die eigenen Produkten und Dienstleistungen
- Erfahrungen im E-Mail-Marketing
- Kenntnisse in Dialogmarketing und Direktmarketing
- Denken in Verkaufs- und Marketingtrichter

- Beherrschung und Anwendung von Zielgruppenmethoden: Persona-Entwicklung

18. Ansprechende Headlines erstellen

»Ich benötige Überschrift-Ideen für meine Landingpage und Google-Ads-Anzeige.«

Hard Facts

- **Investition:**
- **Zu erwartender Nutzen:** Zeitersparnis und Kreativ-Input
- **Typischer Anwendungsfall:** Blogartikel, Anzeigen, Social-Media-Posts, Newsmeldungen, Broschüren

Worum geht es bei diesen Tools?

Headlines sind ein zentrales Element in allen Kategorien von Marketingmaterialien. Die vorgestellten Tools nutzen Natural Language Generation, um unterschiedliche Arten von Headlines, zum Beispiel Anzeigenheadlines, erstellen zu lassen.

Anwendungsszenario – so funktioniert es

Ausgangspunkt ist oft die Wahl eines bestimmten Templates, um den gewünschten Headlinetyp zu spezifizieren (zum Beispiel Facebook-Ads-Headline, Landingpage-Headline oder Google-Ads-Headline). Der Anwender erfasst anschließend Produktnamen und Produktbeschreibung und wählt die passende Tonalität aus (siehe Abbildung 28). Auf Basis dieses Inputs werden dann die Headlinevorschläge generiert.

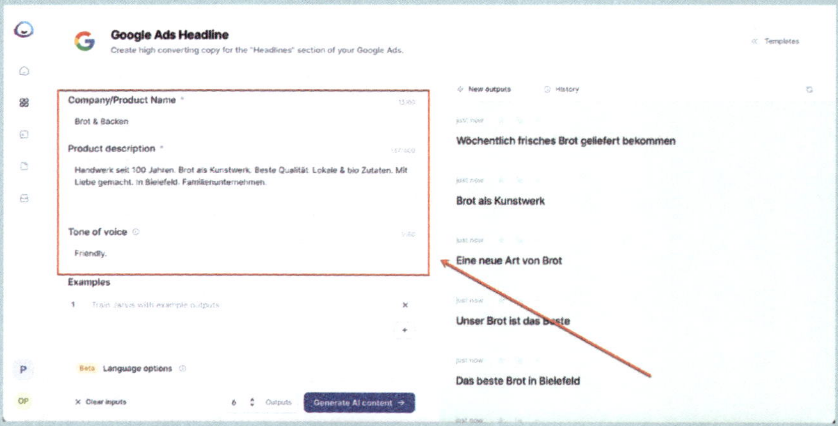

Abbildung 28: Geforderte Vorabinformationen zur Generierung einer Google-Ads-Headline. Quelle: Jarvis.ai (2021)

TOOLS IM ÜBERBLICK		
Anbieter	**URL**	**Multilink**
Copysmith	copysmith.ai	https://t1p.de/k8s8
Writesonic	writesonic.com	
Copy.ai	copy.ai	
Jarvis	jarvis.ai	

Entscheidungshilfen

- **Copysmith**: Headlines für Banner, Plakate, Social-Media und Google Ads.
- **Writesonic**: zusätzlich auch LinkedIn und Landingpage Headlines
- **Copy.ai**: Ergebnis wird direkt im Editor zur Formatanpassung ausgespielt
- **Jarvis**: große Auswahl an verschiedenen Textproduktionsangeboten, auch an Headlinetexten (52 Templates); bietet Plagiatsprüfung, übersetzt in mehr als 25 Sprachen

Welche Fähigkeiten benötigt man für die Anwendung dieses Cases?

- Schnelles Erstellen von Kommunikations- und Werbetexten für Print und Digital, Organisation von Online-Werbeanzeigen (Kenntnisse in Semantik, Relevanzprinzipien), Kenntnisse in Dialogmarketing und Direktmarketing
- Tieferes Verständnis von den eigenen Produkten und Dienstleistungen

19. Professionelle Präsentations-Charts anlegen

»Ich möchte meine Präsentationsfolien professionell gestalten lassen.«

Hard Facts

- **Investition:** ●
- **Zu erwartender Nutzen:** Designoptimierung
- **Typischer Anwendungsfall:** Erstellung von Präsentationen

Worum geht es bei diesen Tools?

Häufig ist das Layout von Präsentationsfolien sehr zeitaufwendig, oft mangels Ideen und fehlender Inspiration für das Arrangement und die visuelle Umsetzung der Inhalte. Die Tools bieten Vorlagen und darin die automatisierte Generierung von Layoutvorschlägen an.

Anwendungsszenario – so funktioniert es

Nach der Auswahl einer Vorlage (zum Beispiel Folienvorlage für eine Zeitliniendarstellung) kann diese individuell bearbeitet werden. Alternativ kann auch eine Blankovorlage gewählt werden, in der dann die einzelnen Elemente wie Text, Bild, Tabelle etc. individuell hinzugefügt werden. Danach gibt es die Möglichkeit, eine automatisierte Layoutgenerierung einzusetzen. Beim Tool **Slidebean** geschieht dies beispielsweise über die Schaltfläche »Arrange wie AI« (siehe Abbildung 29).

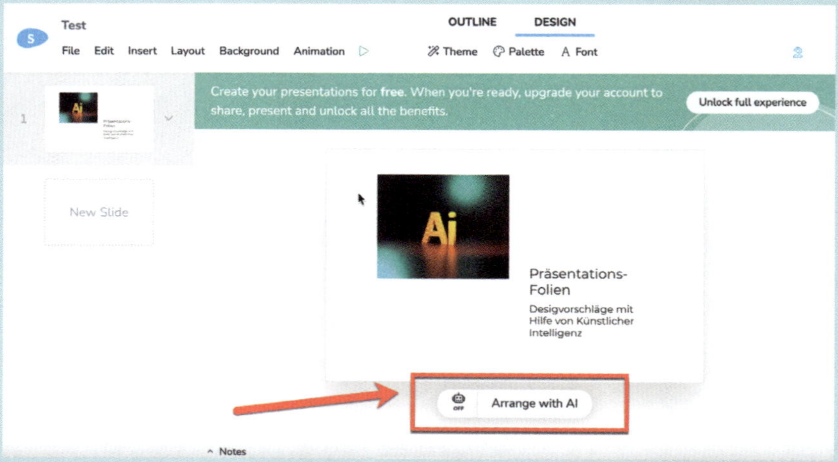

Abbildung 29: Automatische Layoutgenerierung mittels Buttonklick. Quelle: Slidebean Inc. (2021)

TOOLS IM ÜBERBLICK		
Anbieter	**URL**	**Multilink**
BeautifulSlides	beautiful.ai	https://t1p.de/nmv6
Slidebean	slidebean.com	
Microsoft	support.microsoft.com/de-de/office/erstellen-von-professionellen-folienlayouts-mit-powerpoint-designer-53c77d7b-dc40-45c2-b684-81415eac0617	

Entscheidungshilfen

- **Beautiful AI**: Präsentations- und Folienvorlagen (davon extrem viele Folienvorlagen), PowerPoint-Export, eingeschränkter kostenfreier Account
- **Slidebean**: Import von PowerPoint-Präsentationen möglich, nur Präsentationsvorlagen, keine Vorlagen für Einzelfolien
- **Microsoft PowerPoint Designer**: nur verfügbar für bestimmte PowerPoint-Versionen wie »PowerPoint für Microsoft 365«

Welche Fähigkeiten benötigt man für die Anwendung dieses Cases?

- Kenntnisse der vorherrschenden Präsentationssoftware
- Erstellen von Kommunikations- und Präsentationsmaterial
- Gesetze der guten Gestaltung (Typografie und Layout)

20. Verkaufs-Booster mit Shop-Personalisierung

»Ich möchte mein Shopangebot für jeden einzelnen Nutzer individuell zusammensetzen.«

Hard Facts

- **Investition:** ●
- **Zu erwartender Nutzen:** mehr Käufe im Online-Shop, längere Verweilzeit von Nutzern auf der Webseite
- **Typischer Anwendungsfall:** Onlineshop einrichten und optimieren

Worum geht es bei diesen Tools?

Durch die Personalisierung von Inhalten für die Besucher erscheint Ihre Kommunikation interessanter. Im Onlineshopping führt eine Individualisierung der Produktauswahl auf einen einzelnen Käufer zu Cross-Selling-Effekten. Die Tools analysieren Merkmale und Bewegungsdaten jedes Besuchers mit Blick auf den Kaufabschluss. Die hieraus gebildeten Muster werden je nach Tool in unterschiedliche Personalisierungsmaßnahmen überführt. Diese können als angepasste Preise, individuelle Produktzusammenstellungen oder Produktempfehlungen sichtbar werden.

Anwendungsszenario – so funktioniert es

Website- und Personalisierungssystem werden zum Beispiel über den Einbau verschiedener Skripte (siehe Abbildung 30) miteinander verbunden. Mithilfe von Machine-Learning-Mechanismen wird das Personalisierungssystem durch die anfallenden Besucherverhaltensdaten trainiert. Ergebnis sind – je nach Tool – u.a. Scoring-Mechanismen, die jeden aktuellen Besucher aufgrund seiner Eigenschaften einen bestimmten Wert zuteilt. Je nach hinterlegter Logik erfolgt schließlich aufgrund des einzelnen Besucherwertes eine zu diesem Wert oben genannte Maßnahme.

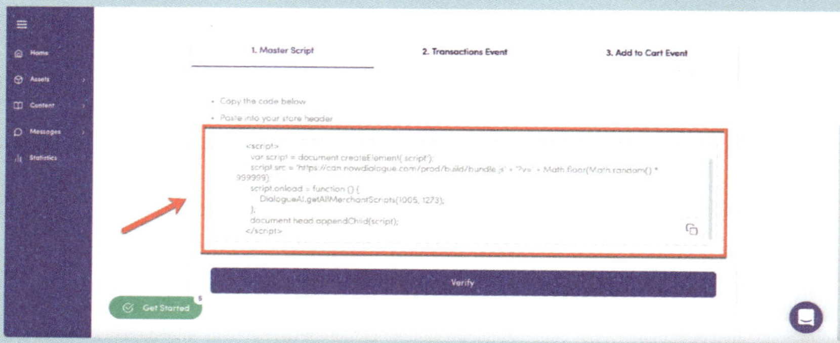

Abbildung 30: Script-Abruf zur Verknüpfung des Personalisierungssystems mit dem Shopsystem. Quelle: Dialogue (2021)

TOOLS IM ÜBERBLICK

Anbieter	URL	Multilink
Dialogue	nowdialogue.com	
Kameleoon	kameleoon.com/de	
BloomReach	bloomreach.com	https://t1p.de/vllg

Entscheidungshilfen

- **Dialogue**: Personalisierungs-System speziell nur für Onlineshops, Shopify-Integration
- **Kameleoon**: Conversion Suite, neben Personalisierung auch A/B-Testing Features
- **Bloomreach**: einfache und schnell nutzbare Benutzeroberfläche

Welche Fähigkeiten benötigt man für die Anwendung dieses Cases?

- Erfahrungen im Management von E-Commerce-Angeboten
- Organisation von Zielgruppen- und Kontaktsegmenten
- Konzeption und Umsetzung von Verkaufs- und Marketingtrichtern
- Kenntnisse der herrschenden Persönlichkeitsprofile (zum Beispiel Ocean, DISG, u.a.)

21. Bild in Sekundenschnelle komprimieren

»Ich möchte Bilder mühelos komprimieren und dabei eine hervorragende Qualität beibehalten.«

Hard Facts

- **Investition:** ●
- **Zu erwartender Nutzen:** Verringerung der Dateigröße von Bildern
- **Typischer Anwendungsfall:** Firmenwebseite, Produktseite mit vielen Bildern, Bild im E-Mail-Header

Worum geht es bei diesen Tools?

Große Bild- und Videodateien auf Internetseiten benötigen für den Transfer zwischen Server und Client entsprechend mehr Zeit. Das ärgert den Nutzer, der auf das Video und die Bilder wartet. Suchmaschinen drücken bei längeren Wartezeiten die Seite in ihrem Index nach unten. Durch eine Komprimierung ist es möglich die Dateien zu verkleinern, wobei die Auflösung und Bildgröße möglichst erhalten bleiben muss. Neben Webseiten ist es auch für andere Medienprodukte wie Apps oder E-Mail-Newsletter vorteilhaft, möglichst verlustfrei mit komprimierten Bildern zu arbeiten.

Anwendungsszenario – so funktioniert es

Verkleinert man Bilddateien per einfacher Bildbearbeitung, verschlechtert sich allerdings auch die Qualität der Bilder. Eine KI-basierte Komprimierungstechnik erreicht dieses Ziel, ohne die Qualität herabzusetzen. Dies geschieht im ersten Schritt nach einem standardisierten Verfahren, indem die Anzahl der Farben eines Bildes selektiv verringert wird. Dies ist kaum sichtbar, macht aber einen großen Unterschied in der Dateigröße. Der Optimierungsablauf folgt meist einem festen Schema, nach dem das Bild und eine Komprimierungsstufe ausgewählt werden (siehe Abbildung 31). Danach wird die Komprimierungstechnik angewandt und das optimierte Bild ausgegeben.

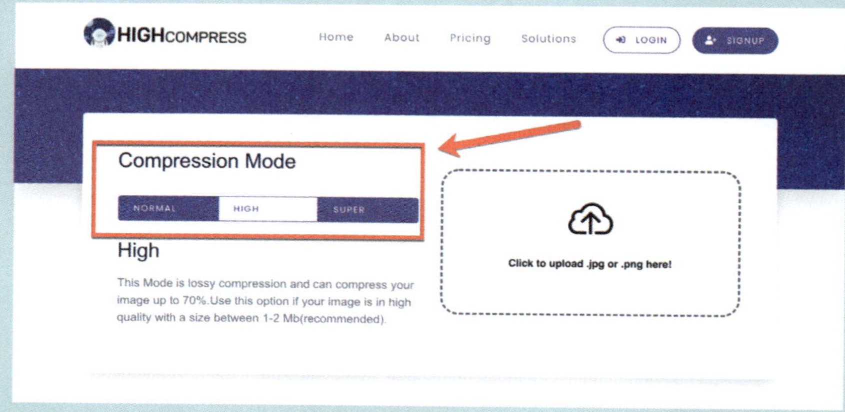

Abbildung 31: Auswahl einer Komprimierungsstufe. Quelle: Highcrompress (2021)

TOOLS IM ÜBERBLICK		
Anbieter	**URL**	**Multilink**
HIGHcompress	highcompress.com	https://t1p.de/a3lw
VANCE AI	vanceai.com/image-compressor	
guetzli	github.com/google/Guetzli	
optidash	optidash.ai	

Entscheidungshilfen

- **Highcompress** ist direkt und kostenfrei über den Browser nutzbar und bietet die Möglichkeit, aus drei Qualitätsstufen zu wählen. Es gibt auch ein Plug-in für Wordpress. Für große Dateien, Stapelverarbeitung sowie einem Plug-in ist ein kostenpflichtiges Abomodell verfügbar.

- **guetzli** erfordert einige Kenntnisse im Umgang mit Software, da die Installation je nach System recht komplex sein kann. Sie ist vollumfänglich kostenfrei nutzbar.
- **Vance AI** bietet zwar nicht die Möglichkeit, eine bestimmte Qualitätsstufe einzustellen, hat dafür aber bereits im kostenfreien Modus die Möglichkeit einer Stapelverarbeitung; bis zu 20 Bilder können auf einmal komprimiert werden.
- **optidash.ai** ist als Integration/Ergänzung für bestehende Systeme konzipiert, zum Beispiel verfügbar als Plug-in für die Shopsoftware shopify.

Welche Fähigkeiten benötigt man für die Anwendung dieses Cases?

- Grundlagenwissen über Dateiformate und Auflösungsschemata im Bildbereich
- Datenkonvertierungen schnell und sicher durchführen

22. Fertiges Video mit neuem Hintergrund inszenieren

»Ich möchte ohne Greenscreentechnik den Hintergrund eines Videos auswechseln.«

Hard Facts

- **Investition:** ●
- **Zu erwartender Nutzen:** Hintergrund eines Videos entfernen/austauschen
- **Typischer Anwendungsfall:** Videoproduktion von Talking-Head-Videos wie Interviews oder Erklärvideos sowie Produkt- und Tiervideos

Worum geht es bei diesen Tools?

KI-Tools, welche das Motiv vom Hintergrund automatisch trennen, können als eine Weiterentwicklung der Greenscreentechnik betrachtet werden. Nicht immer soll der Hintergrund in einem Video sichtbar sein. Die vorgestellten Tools erkennen das Motiv automatisch und löschen den Hintergrund. Dies spart vorrangig Zeit im Vergleich zur manuellen Ausführung.

Anwendungsszenario – so funktioniert es

Zunächst wird das Filmmaterial importiert oder hochgeladen und vom Tool analysiert. Die Erkennung von Objekt und Hintergrund geschieht hierbei vollautomatisch. Das vom Hintergrund befreite Video kann dann im Browser angesehen und ein passender neuer Hintergrund (siehe Abbildung 32) eingefügt werden. Wenn das Ergebnis zufriedenstellend ist, wird mittels »Download« oder »Speichern« das fertige Video gesichert.

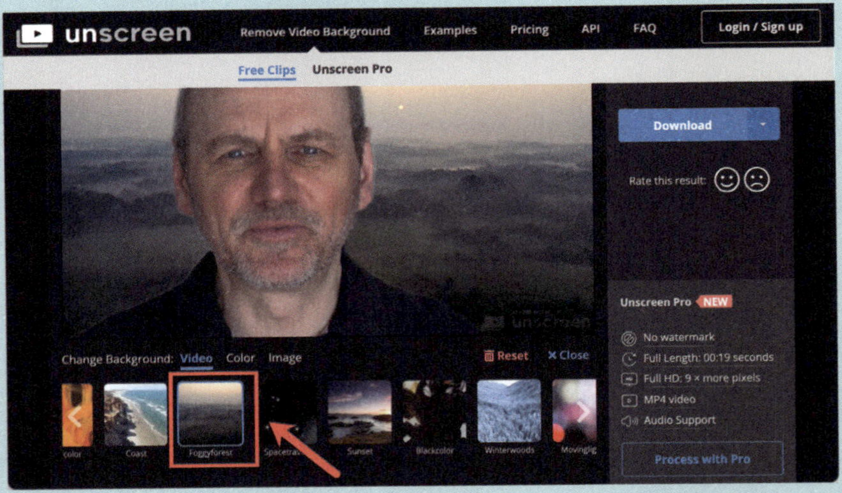

Abbildung 32: Auswahl Hintergrundoptionen. Quelle: Kaleido AI GmbH (2021)

TOOLS IM ÜBERBLICK		
Anbieter	**URL**	**Multilink**
Kaleido AI GmbH	unscreen.com	https://t1p.de/3g04
Kapwing	kapwing.com/tools/remove-background	
Deelvin	bgrem.deelvin.com	

Entscheidungshilfen

- **Unscreen**: schnelles Online-Tool mit einfacher Bedienung, viele Hintergründe direkt online einsetzbar, Bezahloptionen für höhere Auflösung, längere Videospieldauer
- **Kapwing**: Der Online-Editor wirkt sehr vielseitig, aber die Hintergrundentfernung (beta-Version) funktioniert derzeit noch mangelhaft.
- **Deelvin**: Das Tool ist einfach zu benutzen und das Ergebnis gut. Bezahloptionen für höhere Auflösung, längere Videospieldauer.

Welche Fähigkeiten benötigt man für die Anwendung dieses Cases?

- Grundkenntnisse in der Videobearbeitung (Konvertierung, Videoschnitt)

23. Audio und Video mühelos in Text verwandeln

»Ich möchte den Sprachinhalt aus einer Audio- oder Videodatei automatisch als Text erhalten und für einen Werbeflyer einsetzen.«

Hard Facts

- **Investition:** ●
- **Zu erwartender Nutzen:** automatische Textausgabe der Sprachinhalte einer Video- oder Audiodatei
- **Typischer Anwendungsfall:** Untertitel für Videos erstellen, Abschrift eines Wissens-Podcasts erzeugen

Worum geht es bei diesen Tools?

Audio- oder Videodateien mit Sprachinformationen bedingen das Anhören, um die Sprachinhalte zu erfassen. Um diese Inhalte auch als Text verfügbar zu machen, werden von Sprachinhalten Abschriften erzeugt (Transkription) und diese zum Beispiel als Untertitel dem Video hinzugefügt. Mithilfe von Techniken im Bereich der Künstlichen Intelligenz (zum Beispiel Natural Language Processing) wird das Audiomaterial automatisch in Text umgewandelt. Diese Transkripte sind praktisch einsetzbar für Podcasts, Untertitel und Interviews. Transkriptionen mithilfe künstlicher Sprachverarbeitung sparen viel Arbeitszeit ein.

Anwendungsszenario – so funktioniert es

Nach dem Hochladen der Ausgangsdatei wird der Text automatisch erstellt. Dies dauert unterschiedlich lange und die Genauigkeit hängt von Anbieter und Aufnahmequalität ab (bis zu 15 Minuten). Ist der Text abrufbereit, wird dies meist durch ein entsprechendes Symbol angezeigt und ein Download-Button erscheint (siehe Abbildung 33). Je nach Tool kann der Text nachbearbeitet oder auch die Originalquelle abgespielt werden, während der Text durch Hervorhebungen »mitgelesen« wird.

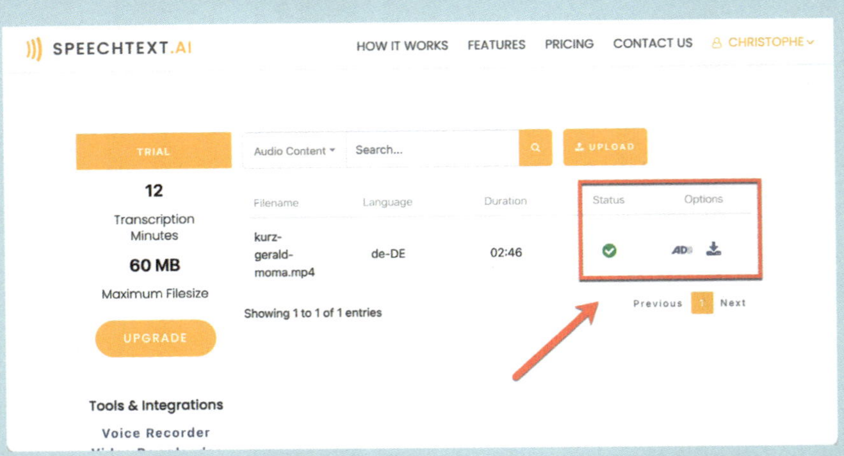

Abbildung 33: Symbolisierung der Fertigstellung einer Transkription mit einem Download-Button. Quelle: Speechtext.ai (2021)

TOOLS IM ÜBERBLICK		
Anbieter	**URL**	**Multilink**
Speechtext.ai	speechtext.ai	
Searcheva LLC	audext.com/de	
wreally LLC	transcribe.wreally.com	
Descript	descript.com	
Podcastle, Inc.	podcastle.ai/products/audio-editor	https://t1p.de/3gb5)

Entscheidungshilfen

- **Speechtext**: schnell und einfach, ebenso gutes Transkript, bietet auch ein Slack-Plug-in.
- **Audext**: nicht so genau und etwas langsam, dafür breite Auswahl für Akzente in englischer Spracheinstellung
- **Transcribe**: gutes Transkript, aber mit einigen Zeichensetzungsfehlern
- **Descript**: nur für Englisch einsetzbar, aber viele weitere Funktionen, zum Beispiel zusätzliche Spracherzeugung mit KI möglich
- **Podcastle**: nur für Englisch einsetzbar, auch sehr umfangreiche weitere Werkzeuge

Welche Fähigkeiten benötigt man für die Anwendung dieses Cases?

- Kenntnisse über unterschiedliche Audio- und Videoformate

24. Hintergrundgeräusche in Audios löschen und Qualität verbessern

»Ich habe einen Podcast aufgenommen und möchte die Audioqualität verbessern.«

Hard Facts

- **Investition:** ●
- **Zu erwartender Nutzen:** Lautstärke und Audioqualität automatisch verbessern
- **Typischer Anwendungsfall:** automatische Verbesserung von Podcasts, Interviews oder weiteren Audioprodukten im Marketingbereich

Worum geht es bei diesen Tools?

Je nach Situation können sich störende Geräusche einstellen. Bei Außenaufnahmen kann das zum Beispiel ein Hintergrundrauschen sein, das durch eine Schnellstraße verursacht wird. Die Tools erkennen automatisch, welche Frequenzen bei der vorliegenden Audiodatei nachgebessert werden müssen. Dazu werden die Lautstärkeunterschiede angeglichen, Hintergrundrauschen entfernt und je nach Anbieter auch optional ein Transkript erstellt. Die Praxis mit diesen Tools zeigt häufig erstaunliche Verbesserungen.

Anwendungsszenario – so funktioniert es

Zunächst muss die zu bearbeitende Sounddatei in das meist online verfügbare Tool hochgeladen werden. Nach Auswahl einiger Einstellungen wird dann automatisiert eine optimierte Fassung der Sounddatei erstellt. Größtenteils werden Originaldatei und das optimierte Soundfile zum Abspielen nebeneinander angezeigt ausgegeben (siehe Abbildung 34). Somit lassen sich beide Sounddateien zum Abgleichen anhören, und gegebenenfalls können getroffene Einstellungen nachjustiert und ein neuer Optimierungslauf gestartet werden.

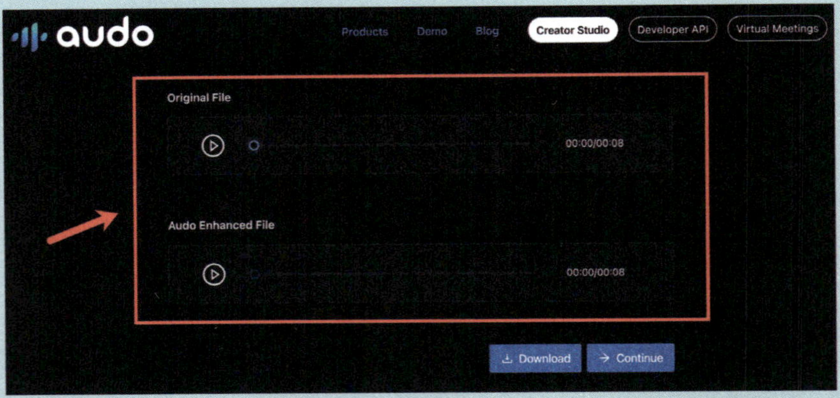

Abbildung 34: Vergleichsmöglichkeit Original- und optimiertes Soundfile. Quelle: audo.ai (2021)

Tools im Überblick

TOOLS IM ÜBERBLICK		
Anbieter	**URL**	**Multilink**
Auphonic	auphonic.com	https://t1p.de/tfm0
Krisp Technologies, Inc.	krisp.ai	
Audo.ai	audo.ai	
Podcastle, Inc.	podcastle.ai/products/magic-dust	

Entscheidungshilfen

- **Auphonic** kann auch zusätzlich Transkripte erstellen.
- **Krisp**: Desktop-Programm mit 240 Freiminuten pro Woche.
- **Audo**: 20 Minuten kostenlose Audioverbesserung pro Monat.
- **Podcastle**: Drei kostenlose Anwendungen pro Monat, viele weitere Werkzeuge.

Welche Fähigkeiten benötigt man für die Anwendung dieses Cases?

- Kenntnisse der Audiobearbeitung (Konvertieren, Komprimieren, Schnitt)

25. Gesprächspartner und Musik separieren für Podcasts

»Ich möchte eine Tonaufnahme mit Musik und Sprachen auftrennen, sodass ich beides als eigenständige Datei für Testimonials nutzen kann.«

Hard Facts

- **Investition:** ●
- **Zu erwartender Nutzen:** Separierung von Sprache, Musik oder Gesang aus einer Audiospur
- **Typischer Anwendungsfall:** Ein Interview, zum Beispiel mit einem Geschäftsführer, das im Rahmen einer Veranstaltung aufgezeichnet wurde. Die Hintergrundmusik soll gelöscht werden.

Worum geht es bei diesen Tools?

Mithilfe von Künstlicher Intelligenz können die Tools Gesang, Sprache und Musik erkennen und die Datei in diese Bestandteile auftrennen. Dadurch kann dann die Sprache allein verwendet werden.

Anwendungsszenario – so funktioniert es

Die Anbieter haben online verfügbare Tools, in welche man die zu bearbeitende Datei direkt per Drag-and-drop oder Dateiauswahl hochladen kann.

Zur Auswahl stehen verschiedene Optionen, mit denen Gesang, Sprache und Musik oder auch weitere Spuren wie Schlagzeug oder andere Instrumente extrahiert werden können (siehe Abbildung 35). Die Spuren werden auf Knopfdruck heruntergeladen.

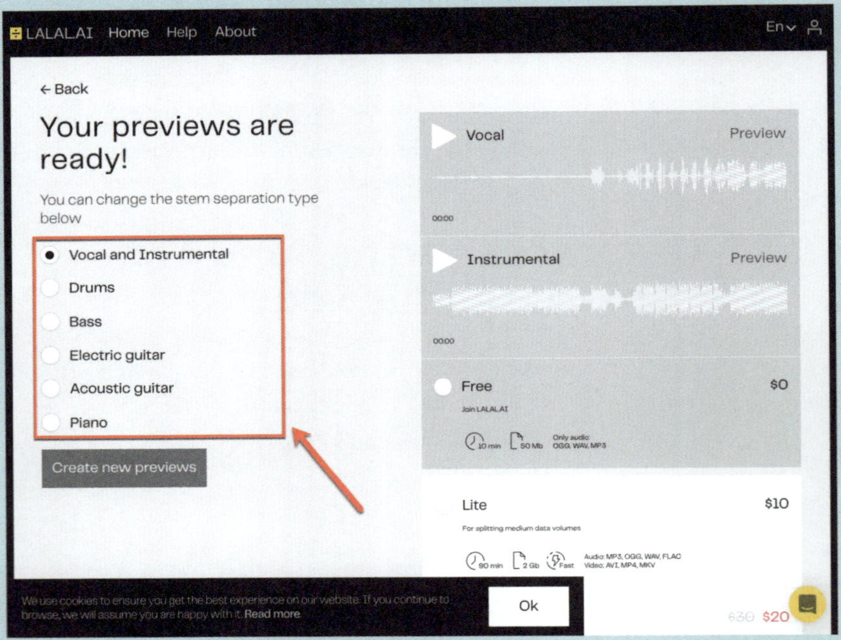

Abbildung 35: Auswahl zur Auftrennung der Spuren der Audiodatei. Quelle: OpenMedia OOO (2021)

TOOLS IM ÜBERBLICK

Anbieter	URL	Multilink
Basil Woods	audiostrip.co.uk#extract	https://t1p.de/97dt
OpenMedia OOO	lalal.ai	
Splitter.ai	splitter.ai	

Entscheidungshilfen

- **Audiostrip**: komplett kostenlos und einfache Bedienung
- **Lalal.ai**: kostenlose Nutzung bis zu zehn Minuten/50 mb, umfangreiche Optionen
- **Splitter.ai**: kostenlose Nutzung, aber auch Pro Version verfügbar

Welche Fähigkeiten benötigt man für die Anwendung dieses Cases?

- Kenntnisse der Audiobearbeitung (Konvertieren, Komprimieren, Schnitt)

26. Störende Bildhintergründe entfernen

»Ich möchte den störenden Hintergrund aus unserem Produktbild entfernen.«

Hard Facts

- **Investition:** ●
- **Zu erwartender Nutzen:** Einsatz von teuren Grafikprogrammen kann gespart werden, sauber ausgeschnittene Bildhintergründe, große Zeitersparnis
- **Typischer Anwendungsfall:** Bearbeitung von Profilfotos, Retuschieren von Produktfotos, Gestaltung von Webseiten

Worum geht es bei diesen Tools?

Der Hintergrund der Porträtaufnahme des Geschäftsführers passt nicht zum Look & Feel der Webseite und soll deshalb vor der Veröffentlichung aus dieser entfernt werden. Anlässe wie diese, die zu dem Wunsch führen, Bilder freizustellen, also den Hintergrund zu entfernen, gibt es im Marketingalltag ständig. Mit entsprechenden Lasso-Werkzeugen in gängigen Grafikprogrammen ist das Einfangen von Objekten bereits einfacher geworden. Dennoch ist immer noch ein gewisses Maß an Handarbeit notwendig. KI-Tools unterstützen hier automatisch. Ohne manuelles Markieren und Ausschneiden werden die gewünschten Objekte herausgelöst.

Anwendungsszenario – so funktioniert es

Dank fortgeschrittener Objekterkennung auf Basis Künstlicher Intelligenz werden die Bestandteile eines Gesamtbildes erkannt und können entsprechend separiert werden. Der Funktionsablauf ist simpel: Mittels Upload oder Software, mit der die Bilddatei auf dem eigenen Rechner geöffnet wird, erfolgt eine Analyse und Hintergrundseparierung des Bildes. Das Ergebnis kann dann zum Beispiel in verschiedenen Qualitätsstufen heruntergeladen werden (siehe Abbildung 36).

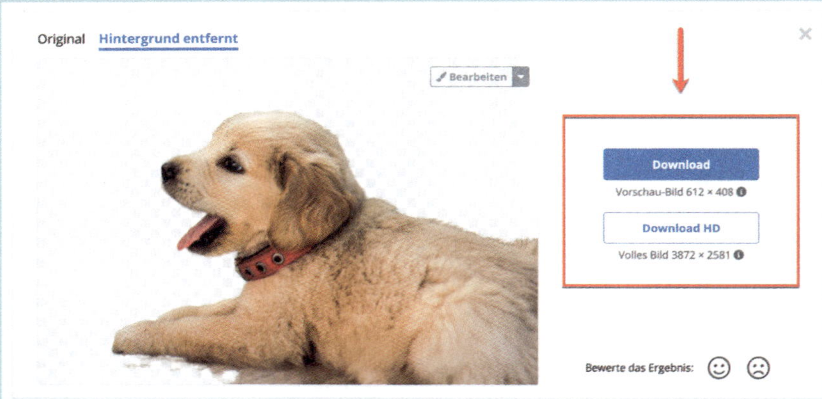

Abbildung 36: Ergebnis-Download in verschiedenen Qualitätsstufen. Quelle: Kaleido AI GmbH (2021)

TOOLS IM ÜBERBLICK		
Anbieter	**URL**	**Multilink**
Vance AI	vanceai.com/de/remove-background	https://t1p.de/3iru
Remove BG	remove.bg/de	
Removal AI	removal.ai/de	
Slazzer	www.slazzer.com	
Jump Story	jumpstory.com/images/remove-background	
Topaz Mask AI	topazlabs.com/mask-ai	

Entscheidungshilfen

- **Vance AI** ist kostenfrei und schnell zu bedienen. Nachteilig ist eine leicht »geblurrte« Kontur bei einigen ausgeschnittenen Objekten.
- **Remove BG** ist ebenfalls kostenfrei und ohne Anmeldung nutzbar. Das Tool erkennt alle zum Objekt zugehörigen Elemente und arbeitet zügig. Es erkennt auch komplexe Objekte vor kontrastarmem Hintergrund. Allerdings muss für den Download in höchster Qualität eine Registrierung erfolgen.
- **Removal AI** ist ebenfalls kosten- und anmeldefrei für die Nutzung der Basisfunktionen. Das Tool arbeitete im Test etwas unsauberer als die Konkurrenz.
- **Slazzer** ist kosten- und anmeldefrei für die Nutzung der Basisfunktionen. Die Ergebnisse haben eine »geblurrte« Schnittkante, aber das ganze Objekt wird meist erkannt.
- **Jump Story**: Professionelles Tool, aber auch die kostenlose Testversion ist nur nach Hinterlegung von Bankdaten oder PayPal-Daten möglich.
- Bei **Topaz Mask AI** ist die Bearbeitung nicht im Browser möglich. Es erfordert einen großen händischen Aufwand. Die AI-Funktion steht nicht im Vordergrund. Das Ergebnis war unsauber und es gab Performanceprobleme. Dafür stehen mehr Einstellmöglichkeiten zur Verfügung.

Welche Fähigkeiten benötigt man für die Anwendung dieses Cases?

- Kenntnisse der Bildbearbeitung (Konvertieren, Komprimieren, Größenanpassungen)

27. Porträts aus zahlreichen unterschiedlichen Bildern erstellen

»Ich möchte Porträtbilder in Serie anfertigen, für die Social-Media-Kommunikation.«

Hard Facts

- **Investition:**
- **Zu erwartender Nutzen:** Automatisierung und damit Zeitersparnis
- **Typischer Anwendungsfall:** personalisierte Bilder produzieren, automatische Bildproduktion für Social Media

Worum geht es bei diesen Tools?

Das Prinzip der Individualisierung durch Serienbrieffunktionen hält auch in die Welt der Bildproduktion Einzug. Es werden – zum Beispiel für E-Mail-Kampagnen – Serienbilder eingesetzt, die den Namen des einzelnen Empfängers beinhalten. Schwierig wird es bei Serienbildern, wenn verschiedene Personenbilder zum Einsatz kommen, denn je nach Bild braucht es einen anderen Ausschnitt, um ein passendes Porträtformat einzusetzen. Mit KI-Tools im Bereich der automatischen Bilderkennung und -verarbeitung wird eine Porträtaufnahme dazu verwendet, Gesichter in Serienbildvorlagen passend zu positionieren.

Anwendungsszenario – so funktioniert es

Voraussetzung bei dem hier vorgestellten Tool für die Anwendung einer automatischen Serienbildproduktion ist das Vorliegen strukturierter Daten, unter anderem einer Airtable-Tabelle. Bei der Anlage des Templates (Vorlage) zur Serienbildproduktion wird entsprechend die »Face Detect«-Funktion (siehe Abbildung 37) gewählt, um die Portraitoptimierung (siehe Beschreibung oben) zu erhalten. Nach Erstellung des Templates wird dieses mit den Daten verknüpft, zum Beispiel über eine Schnittstellenverknüpfung mit Airtable, und anschließend die Bildproduktion angestoßen.

Abbildung 37: Auswahl der Gesichtserkennungsfunktion. Quelle: Twenty Four Twelve Systems Pte. (2021)

TOOLS IM ÜBERBLICK		
Anbieter	**URL**	**Multilink**
Twenty Four Twelve Systems Pte.	https://www.bannerbear.com	https://t1p.de/0kn7m

Entscheidungshilfen

- **Bannerbear**: kostenloser Test mit 30 Bilderzeugungen

Welche Fähigkeit benötigt man für die Anwendung dieses Cases?

- Erfahrungen mit Massenpersonalisierungen (zum Beispiel Serienbrieferstellungen u.ä.)
- Kenntnisse der Bildbearbeitung (Konvertieren, Komprimieren, Größenanpassungen)
- Konzeption von automatisierten Prozessen (Workflowmanagement)
- sicherer Umgang mit Tabellenformaten (zum Beispiel Airtable, Google Tabellen u.ä.)

28. Webseitenstruktur in wenigen Minuten erstellen

»Ich möchte eine Handzeichnung meines Chefs für eine neue Homepage digitalisieren.«

Hard Facts

- **Investition:** ●
- **Zu erwartender Nutzen:** beschleunigte und vereinfachte Konzept-Digitalisierungen
- **Typischer Anwendungsfall:** handgezeichneten App-Screen-Entwurf als Mockup umsetzen, handgezeichneten Landingpage-Wireframe als Clickdummy realisieren

Worum geht es bei diesen Tools?

Geht es um die Konzeption von Apps oder Webseiten, wird im ersten Schritt meist ein Wireframe – also ein erstes vereinfachtes Strukturschema – entwickelt. Oft entstehen Ideen in einem kreativen Prozess zwischen den Teammitgliedern. Ideen werden mit Stift und Papier – zum Beispiel gemeinsam am Flipchart – skizziert. Anschließend sollen die Skizzen digitalisiert werden, um Detailinformationen einzuarbeiten und für eine Agenturumsetzung vorzubereiten. Mithilfe von automatischer Bilderkennung aus dem Bereich der Künstlichen Intelligenz erkennen KI-Tools automatisch die gezeichneten Inhaltselemente und verwandeln diese in digitale und editierbare Objekte.

Anwendungsszenario – so funktioniert es

Ein Wireframe wird gezeichnet, dann abfotografiert und hochgeladen (siehe Abbildung 38). Die Tools verarbeiten diese und erstellen einen digitalen Wireframe. Dieser kann dann zu einem klickbaren Prototyp erweitert werden oder steht sogar als Code zur Veröffentlichung zur Verfügung.

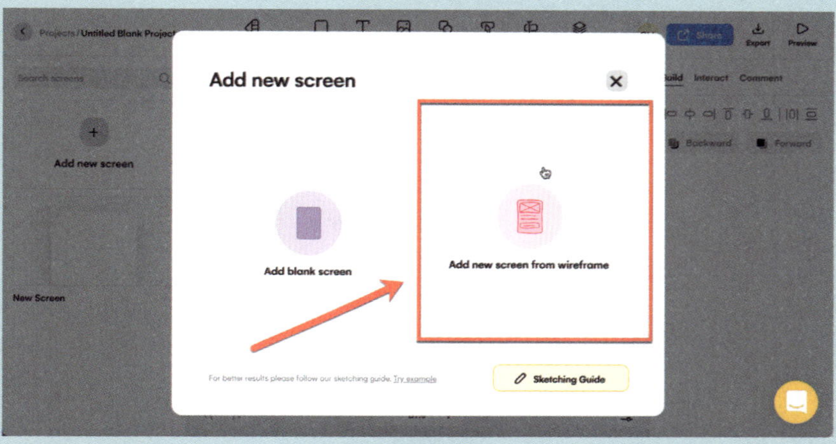

Abbildung 38: Auswahl der Uploadfunktion zur Wireframe-Erkennung. Quelle: Uizard Technologies (2021)

TOOLS IM ÜBERBLICK

Anbieter	URL	Multilink
Uizard Technologies	uizard.io	https://t1p.de/varrl
Adobe	adobe.com/de/products/comp.html	
Microsoft	sketch2code.azurewebsites.net	

Entscheidungshilfen

- **Uizard**: Hochladen eines gezeichneten Wireframes, funktionierende Prototypen, Kommentarfunktion, für Laien zugänglich, kostenfreier Basisaccount verfügbar.
- **Adobe Comp**: Intuitive Gesten auf dem Smartphone in Layouts übersetzen, nur für mobile Geräte verfügbar, keine Prototypenerstellung möglich, Verknüpfung zu Photoshop, Illustrator und InDesign, mit der Adobe Cloud zugänglich.
- **Sketch to Code**: handgezeichnete Wireframes in Codes übersetzen, Codes zum Downloaden, kein Produkt – experimentelle Webseite zu Demo-Zwecken.

Welche Fähigkeiten benötigt man für die Anwendung dieses Cases?

- Verständnis von ansprechenden User-Interface-Designs
- Grundlagen im Webdesign (Aufbau, Struktur von Webseiten, HTML5, CSS, Javascript, SQL)
- grundsätzliches Verständnis von Typografie und Layout
- Anwendungswissen in Farbtypologien und -gestaltung

29. Professionelle Produktfotografie

»Ich möchte professionelle Produktfotos ohne Fotostudio erstellen.«

Hard Facts

- **Investition:** ●
- **Zu erwartender Nutzen:** vereinfachte Objektfotografie & Bearbeitung
- **Typischer Anwendungsfall:** Bilder für Onlineshop erstellen; Videoproduktion, bei dem Produktbildmaterial benötigt wird; Grafikarbeiten, Produktportfolio etc.

Worum geht es bei diesen Tools?

In der Objektfotografie, zum Beispiel mit der Aufnahme eines neuen Produkts, wird häufig in einer professionellen Infrastruktur wie einem Fotostudio gearbeitet. Damit können bestimmte Hintergründe und Umgebungen kontrolliert geschaffen werden. Die Postproduktion mit Nachbearbeitung und Hintergrundfreistellung wird dadurch erleichtert. Ein solches Setting benötigt Vorbereitungs- und Rüstzeiten. Hinzu kommt der Bearbeitungsaufwand der Medien. In der Summe sammeln sich am Ende des Shootings hohe Kosten an. Damit ist dieses Setting auch nicht flexibel genug, um zum Beispiel schnell ein Ausstellungsstück zu fotografieren, das sofort im Onlineshop im Bereich B-Ware oder Aktionen angeboten werden soll. Das hier vorgestellte Tool nutzt Bildverarbeitungsmethoden aus der Künstlichen Intelligenz, sodass bereits mit der Fotografie (über

Smartphone und App) das Fotoobjekt freigestellt und für eine professionelle Weiterverarbeitung bereitsteht.

Anwendungsszenario – so funktioniert es

Über die Mobile App des Toolanbieters können Produktfotos zum Beispiel direkt mit dem Smartphone erfasst und dann per Knopfdruck (siehe Abbildung 39) aufgenommen werden. Hierbei werden Objekte sofort erkannt und freigestellt, d. h. der Hintergrund entfernt. Die fotografierten Objekte können dann über Augmented-Reality-Mechanismen direkt an passende Stellen in verknüpften Softwareprogrammen verschoben werden. Eine manuelle Datenübertragung ist nicht nötig.

Abbildung 39: Objektfotografie direkt über die App des Toolanbieters. Quelle: Init ML (2021)

TOOLS IM ÜBERBLICK		
Anbieter	**URL**	**Multilink**
Init ML	clipdrop.co	https://t1p.de/xf3l

Entscheidungshilfen

- **Clipcrop** ist als App, Webdienst (derzeit noch im Betastadium), Photoshop-Plug-in und Desktop-Software verfügbar. Die Synchronisation läuft über die verschiedenen Nutzungsformate (App, Desktopsoftware etc.) hinweg. Eine kostenlose Testversion ist verfügbar (mit Wasserzeichen). Die Mobile App steht für Android und iOS zur Verfügung.

Welche Fähigkeiten benötigt man für die Anwendung dieses Cases?

- Erfahrung mit Produkt- oder Objektfotografie
- Kenntnisse der Bildbearbeitung (Konvertieren, Komprimieren, Größenanpassungen)

30. Reputationsanalyse im Internet

»Ich möchte das Ansehen meines Unternehmens in der Onlinewelt prüfen.«

Hard Facts

- **Investition:** ●
- **Zu erwartender Nutzen:** Analyse des Images des Unternehmens
- **Typischer Anwendungsfall:** Rezensionen, Kommentare zu Produkten oder Kommunikation auf sozialen Medien

Worum geht es bei diesen Tools?

Das Inhaltsverständnis von Sprache kann durch KI-Tools entwickelt werden. In der Anwendung lässt dies dann für einen Text auch eine Einteilung nach positivem, negativem oder neutralem Sprachinhalt zu. Diese wird als »Sentimentanalyse« bezeichnet. Mithilfe der Werkzeuge kann so ein schneller Überblick über die Stimmungslage zu einem Unternehmen, einer Person oder Produkten herausgefunden werden.

Anwendungsszenario – so funktioniert es

Grundsätzlich gibt es hier zwei Arten, wie die Tools arbeiten:

1. Nach einem eingegebenen Stichwort, zum Beispiel Markenname, durchsuchen die Tools verschiedene Quellen wie soziale Medien oder Newsseiten. Danach werden die Fundtreffer/Quellen nach Emotionen in positiv, negativ oder neutral eingestuft. Daneben gibt es auch eine Ausgabe mit der Gesamtanzahl der jeweiligen Emotionseinstufungen (siehe Abbildung 40). Diese Art des Vorgehens bietet sich meist nur für große Themen/Marken an, welche bereits eine große Onlinereichweite und damit genügend Fundtreffer im Internet besitzen.

2. Es wird ein vorliegender Text – zum Beispiel Antworten auf eine Umfrage – in die Tools eingesetzt. Dieser Text wird nach Emotionseinstufungen eingeteilt. Das Ergebnis besteht für jede Umfrageantwort aus einer Einstufung, wodurch am Ende ein Stimmungsbild dargestellt werden kann.

Abbildung 40: Gesamtanzahl der jeweiligen Emotionseinstufungen. Quelle: Social Searcher (2021)

TOOLS IM ÜBERBLICK		
Anbieter	**URL**	**Multilink**
Social Searcher	social-searcher.com	https://t1p.de/2v1c
Lexalytics Inc.	lexalytics.com	
MeaningCloud LLC	meaningcloud.com	
Healey & Ramaswamy	csc2.ncsu.edu/faculty/healey/tweet_viz/tweet_app	
Brand24 Global Inc.	brand24.com	
MonkeyLearn Inc.	monkeylearn.com	

Entscheidungshilfen

- **Social Searcher**: schnelle und visuell ansprechende Zusammenfassung, Genauigkeit aber mangelhaft
- **Lexalytics**: Analyse von Kundenmeinungen, ausgezeichnete Übersicht.
- **MeaningCloud**: Sehr umfangreiche Funktionen, Excel-Plug-in verfügbar.
- **Tweet_Viz**: Visualisierung von Tweet-Stimmung, praktische Übersicht.
- **Brand24**: Übersichtlicher Medienmonitor, kostenloser Test möglich.
- **Monkeylearn**: nur Analyse eigener Texte, Training mit eigenen Begriffen möglich

Welche Fähigkeiten benötigt man für die Anwendung dieses Cases?

- Grundkenntnisse in Marktforschung und Statistik
- Erfahrungen mit Kundensegmentierung und Arbeit mit Sales-Funnel

31. Analoge Dokumente digital auswerten

»Ich möchte Kontaktadressen aus vielen analogen Dokumenten in mein CRM übertragen.«

Hard Facts

- **Investition:** ●
- **Zu erwartender Nutzen:** Digitalisierung von Papierdokumenten
- **Typischer Anwendungsfall:** PDF-Dokumente werden maschinenlesbar gemacht, Texte aus Bildern extrahiert, Strichcodes in Zahlen umgewandelt und Kontaktdaten aus Papierdokumenten gewonnen.

Worum geht es bei diesen Tools?

Auch wenn mittlerweile hauptsächlich digital gearbeitet wird: Es gibt immer wieder Anlässe, zum Beispiel bei einem Preisausschreiben auf Postkartenbasis, bei dem Papierdokumente vorliegen und zur weiteren Bearbeitung digitalisiert werden müssen. Mit OCR-Tools (Optical Character Reader) können zum Beispiel Kontaktdaten aus Scans erkannt und extrahiert werden.

Anwendungsszenario – so funktioniert es

Die Software analysiert das Dokument, welches üblicherweise ein gescanntes PDF-Dokument oder eine Bilddatei ist. Dabei können unterschiedliche Blöcke innerhalb des Dokumentes erkannt werden, wie Textblöcke, Tabellen und Überschriften. Außerdem lernen die Programme dazu: Je mehr Dokumente gescannt werden, desto besser wird die Software dieser Künstlichen Intelligenz.

Meist ist ein Einstiegspunkt das Hochladen von Beispieldokumenten, um dann die zu extrahierenden Informationen zu bestimmen. wie zum Beispiel eine E-Mail-Adresse (siehe Abbildung 41).

Abbildung 41: Definition eines Dokumentbereichs. Quelle: Nano Net Technologies Inc. (2021)

TOOLS IM ÜBERBLICK

Anbieter	URL	Multilink
Nanonets	nanonets.com	https://t1p.de/omul
Parashift	parashift.io	
Rossum	rossum.ai	
Base64ai	base64.ai	

Entscheidungshilfen

- **Nanonets** bietet auch einen Free-Account, mit dem 100 Seiten verarbeitet werden können.
- **Parashift** nutzt jedes verarbeitete Dokument, um die Verarbeitungsqualität über ein KI-Training zu verbessern.
- **Rossum** ist eine Lösung aus dem europäischen Raum und damit eher geeignet, falls personenbezogene Daten verarbeitet werden müssen und dies im Einklang mit der Datenschutz-Grundverordnung geschehen soll.
- **Base64ai** extrahiert auch Personenbilder oder Unterschriften und hat eine automatische Dokumenttyp-Erkennung. Sehr einfach zu bedienen.

Welche Fähigkeiten benötigt man für die Anwendung dieses Cases?

- Dokumentenmanagement (Import/Export, Aufbau von Filesystemen, Adressmanagement, Konvertieren)

32. Text aus Bildern automatisch auslesen

»Ich möchte schnell den Text aus einem Flyer eines Wettbewerbers abfotografieren und den extrahierten Text an einen Mitarbeiter zur Weiterverarbeitung senden.«

Hard Facts

- **Investition:** ●
- **Zu erwartender Nutzen:** Texte werden in Bildern erfasst.
- **Typischer Anwendungsfall:** Der Text von einem Screenshot oder Mockup soll erfasst werden, um ihn in eine Anwendung kopieren zu können.

Worum geht es bei diesen Tools?

Mithilfe von automatischer Texterfassung (mit der Technologie »image analysis«) ist es möglich, Texte aus Bilddateien auszulesen und weiterzuverwerten; ohne mühsames Abtippen.

Anwendungsszenario – so funktioniert es

Eine Bilddatei wird in das Tool importiert. Dies kann je nach Anbieter im Browser oder auch in einer Anwendung auf dem Computer (zum Beispiel Snagit) geschehen. Dann wird der erkannte Text auf dem Bild direkt oder durch Auswahl des Texterfassungstools extrahiert. Der ausgelesene Text wird in einem Editor-Fenster dargestellt und lässt sich dann einfach kopieren und weiterverarbeiten (siehe Abbildung 42).

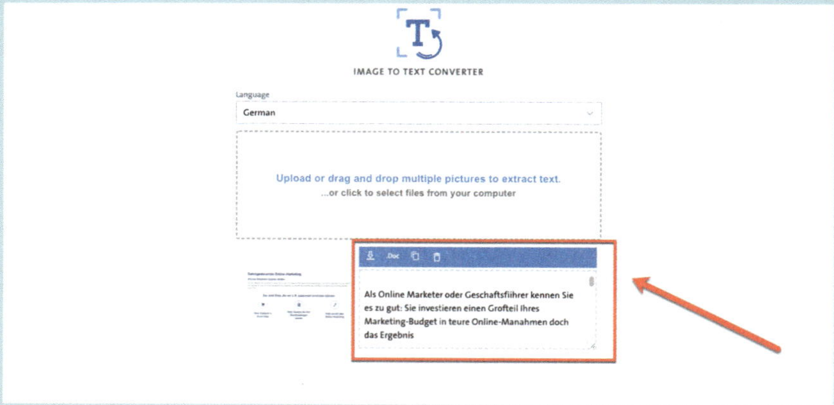

Abbildung 42: Ausgabe des Textes im Editor-Fenster. Quelle: Imagetotext.io (2021)

TOOLS IM ÜBERBLICK

Anbieter	URL	Multilink
imagetotext.io	imagetotext.io	https://t1p.de/hx1wq
QaamGo Web GmbH	img2go.com/convert-to-document	
TechSmith Corporation	techsmith.de/snagit.html	
ABBYY	pdf.abbyy.com/de/	

Entscheidungshilfen

- **imagetotext.io** funktioniert sehr intuitiv, schnell und ist kostenlos.
- **img2go** bietet eine Reihe von Konvertierungsmöglichkeiten an.
- **Snagit** ermöglicht Bildschirmaufnahmen und eine Bearbeitung inklusive Texterfassung.
- **ABBYY Finereader** bietet eine iOS- und Android-App für das mobile Scannen inklusive einer Texterkennungsfunktion.

Welche Fähigkeiten benötigt man für die Anwendung dieses Cases?

- Erfahrung mit der Aufnahme von Screenshots hilfreich
- Dateimanagement (Import/Export von Bilddateien und Änderung von Dateiformaten)

33. Automatische Webmeeting-Protokolle

»Ich möchte meine Onlinemeetings protokollieren und an die Teilnehmer versenden.«

Hard Facts

- **Investition:** ●
- **Zu erwartender Nutzen:** Transkripte von Webmeetings erstellen
- **Typischer Anwendungsfall:** Dokumentation und Verwendung gesprochener Inhalte aus virtuellen Besprechungen und Workshops

Worum geht es bei diesen Tools?

Die Tools transkribieren Web-Meetings mithilfe von Spracherkennung (Natural language processing).

Hinweis: Zum Zeitpunkt des Testens für dieses Buch waren die Tools nur für die englische Sprache einsetzbar.

Anwendungsszenario – so funktioniert es

Nach der Registrierung und Installation als Add-on können Webmeetings transkribiert werden. Je nach Anbieter unterscheiden sich die nutzbaren Webmeeting-Programme und die angebotenen Funktionen. So werden beispielsweise neben der reinen Transkription auch Zusatzinformationen generiert wie eine Stichwortliste (siehe Abbildung 43). Im Nachhinein können die Notizen vom Meeting abgerufen und verwaltet werden. Das Teilen per Link oder Integration mit Slack sind teilweise möglich.

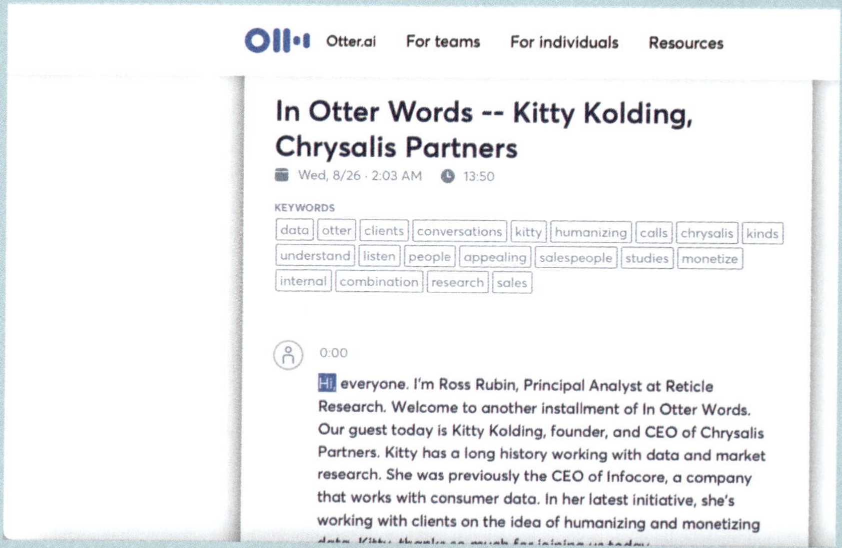

Abbildung 43: Stichwortliste aus automatisierter Transkription. Quelle: Otter.ai (2021

TOOLS IM ÜBERBLICK

Anbieter	URL	Multilink
Otter.ai	otter.ai	https://t1p.de/zdnr
Fathom	fathom.video	
Colibri.ai	colibri.ai	
tldx Solutions GmbH	tldv.io	

Entscheidungshilfen

- **Otter.ai**: Web-Anwendung, Mobile App, KI auf Vokabular trainierbar
- **Fathom**: nur mit Zoom nutzbar, Grundfunktion kostenlos
- **Colibri.ai**: Zoom App, Webanwendung
- **tl;dv**: für Google Meet

Welche Fähigkeiten benötigt man für die Anwendung dieses Cases?

- Erfahrungen mit verschiedenen Webkonferenz-Anwendungen
- Management von Transkriptionen

34. Lizenzfreie Musik für Videos und Podcasts komponieren

»Für ein Werbevideo benötige ich sofort Hintergrundmusik ohne Einzellizenzgebühren und Zeitaufwand.«

Hard Facts

- **Investition:**
- **Zu erwartender Nutzen:** Begleitmusik für Medienprodukte erhalten
- **Typischer Anwendungsfall:** Hintergrundmusik für Imagevideos, Telefonwarteschleifen und Podcastproduktionen

Worum geht es bei diesen Tools?

Mithilfe der KI-Tools kann Musik beispielsweise für Marketingvideos oder Podcasts generiert werden. Dabei können bestimmte Parameter zu Musikstil, Tempo oder Instrumenten eingestellt werden, um das Ergebnis auf die Praxisanwendung anpassen zu können.

Anwendungsszenario – so funktioniert es

Die getesteten Online-Tools generieren auf Knopfdruck eine Tonspur, wobei durch einstellbare Parameter wie Länge oder Musikstil (siehe Abbildung 44) das Ergebnis beeinflusst werden kann. Oft ist es möglich, aus mehreren Varianten die beste auszuwählen und weiterzubearbeiten. Das Ergebnis kann als Audiodatei (MP3 o.ä.) heruntergeladen werden, wobei »Musenet« auch einen MIDI-Export für die Nutzer anbietet, die die generierte Musik professionell weiterbearbeiten möchten.

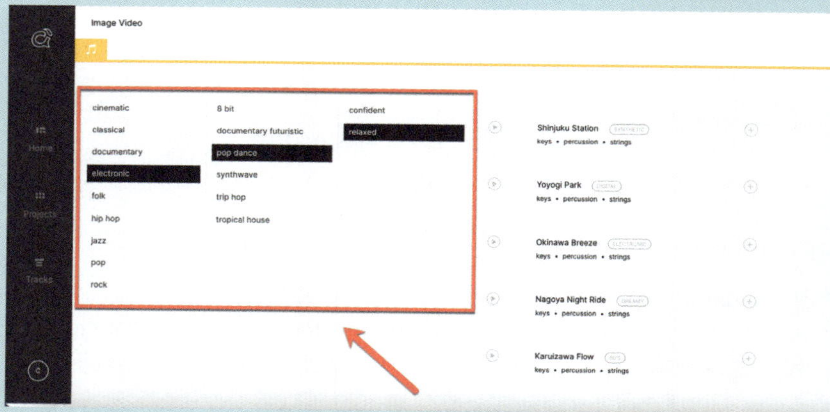

Abbildung 44: Auswahl der gewünschten Musikrichtung. Quelle: Amper Music, Inc. (2021)

TOOLS IM ÜBERBLICK

Anbieter	URL	Multilink
Aiva Technologies SARL	aiva.ai	https://t1p.de/eviwu
SOUNDRAW Inc.	soundraw.io	
OpenAI	openai.com/blog/musenet	
Amper Music	ampermusic.com	
Ecrett Musik	ecrettmusic.com	

Entscheidungshilfen

- **AIVA**: sehr umfangreiches Tool, richtet sich an fortgeschrittene Anwender
- **SOUNDRAW**: einfach, schnell und gute Ergebnisse
- **Musenet**: sehr natürliche Ergebnisse, Nacharbeit aber empfehlenswert; Export im Midi-Format möglich, Urheberrechts-Sicherheit unklar
- **Amper Music**: viele vorgefertigte Musikstücke zur Auswahl
- **Ecrett Music**: Test ohne Registrierung möglich

Welche Fähigkeiten benötigt man für die Anwendung dieses Cases?

- Grundlagen in der Wahrnehmungspsychologie, Wirkung von Musik
- Kenntnisse in der Audiobearbeitung (Konvertieren, Komprimieren, Schnitt)

35. Audio textbasiert schneiden

»Ich möchte einen Satz in einer Sprachaufnahme unseres Podcasts bearbeiten, ohne ein Tonexperte zu sein.«

Hard Facts

- **Investition:** ●
- **Zu erwartender Nutzen:** einfache Bearbeitung von Sprachaufnahmen
- **Typischer Anwendungsfall:** Nachbearbeitung von Interviews, Podcasts oder weiteren Medienprodukten mit Sprachaudiospur

Worum geht es bei diesen Tools?

Die Bearbeitung von Soundspuren mit Sprachinhalten ist oft mühsam. Für die Entfernung zum Beispiel eines bestimmten Satzes sind Anfang- und Endzeitmarken im Audiodokument durch manuelles Anhören zu ermitteln. Die hier gezeigten KI-Tools machen es möglich, eine Audiodatei mit Sprachinhalt mittels Texteditor direkt zu bearbeiten. Dies beschleunigt und erleichtert die Nachbearbeitung dieses Medienformates.

Anwendungsszenario – so funktioniert es

Für die Bearbeitung der Sprachaudiodatei wird nach dem Import automatisch ein Transkript (Textabschrift des Sprachinhaltes) erstellt. Im Text können Füllwörter gelöscht, Pausen hinzugefügt oder Passagen gestrichen werden (siehe Abbildung 45). Nach der Textbearbeitung wird die Audiodatei neu erstellt.

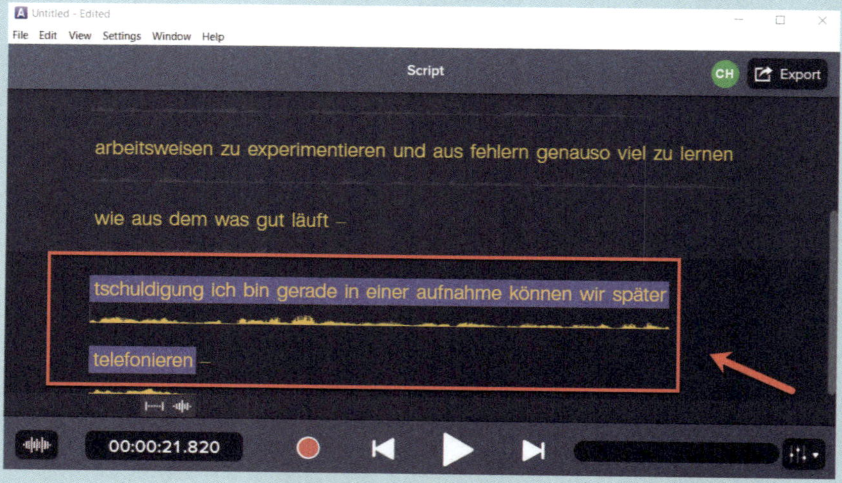

Abbildung 45: Löschmarkierung einer Passage einer Sprachaufnahme. Quelle: TechSmith Corporation (2021)

TOOLS IM ÜBERBLICK

Anbieter	**URL**	**Multilink**
Techsmith	techsmith.com/audiate.html	https://t1p.de/rq1a
Descript	descript.com	
Podcastle	podcastle.ai/products/audio-editor	

Entscheidungshilfen

- **TechSmith Audiate**: einfach; deutsche Spracheinstellung möglich, 7-Tage-Gratistest möglich
- **Descript**: Sprachgenerierung mit KI, Bearbeitung von Video möglich
- **Podcastle**: Sprachgenerierung mit vorgefertigten Stimmen möglich

Welche Fähigkeiten benötigt man für die Anwendung dieses Cases?

- Grundkenntnisse in der Audiobearbeitung (Konvertieren, Komprimieren, Schnitt)

36. Objekte aus einem Video nachträglich entfernen

»Ich möchte aus unserem Video eine Person, die durch die Aufnahme lief, entfernen.«

Hard Facts

- **Investition:** ●
- **Zu erwartender Nutzen:** schnell optimierte Videoergebnisse
- **Typischer Anwendungsfall:** Imagevideo produzieren, Produktvideo erstellen, Personen, Objekte und Wasserzeichen im Video retuschieren und bearbeiten

Worum geht es bei diesen Tools?

Häufig müssen aus Videos Objekte verändert oder herausgelöscht werden. So kann unter anderem ein Passant, der während der Produktion eines Imagevideos durch das Bild lief, nachträglich aus der Aufnahme entfernt werden. Dies ist oft mühsam in der Handhabung und benötigt viel Erfahrung. Dazu ist eine Maskierung einzurichten. Anschließend ist die Maske für jede Bewegung, die das Objekt macht, neu auszurichten. Mithilfe von KI-Methoden werden Objekte automatisch erkannt und selbstständig durch eine Hintergrundtextur ersetzt.

Anwendungsszenario – so funktioniert es

Mithilfe eines Markierungs-Tools wird die zu entfernende Stelle markiert (siehe Abbildung 46). Das Tool erkennt das Objekt automatisch und ersetzt es durch eine Hintergrundtextur. Auch bewegte Objekte werden automatisch erkannt. Eine Maskierung Bild für Bild entfällt.

Abbildung 46: Gesetzte Objektmarkierung mithilfe des Markierungswerkzeugs. Quelle: Runway AI, Inc. (2021)

TOOLS IM ÜBERBLICK

Anbieter	URL	Multilink
Runway AI	runwayml.com	https://t1p.de/a8yn0
VideoStudio	videostudiopro.com	
Adobe	adobe.com/de/sensei/creative-cloud-artificial-intelligence.html	

Entscheidungshilfen

- **Runway** ist eine Onlinesoftware, die sich in punkto Objektentfernung noch im Beta-Stadium (eingeschränkt verfügbar) befindet. Ein kostenfreier Basisaccount wird angeboten.
- **VideoStudio** ist ein klassisches Schnittprogramm. Für das automatisierte Maskieren (Ultimate-Paket) sind einige Schritte mehr notwendig. Dafür gibt es mehr Einstellungsmöglichkeiten.
- **Adobe** Sensei ist das zentrale Framework, um Adobe Produkte mit KI-Funktionalitäten zu erweitern. In Adobe AfterEffects gibt es die Funktion der inhaltsbasierten Füllung, welche durch Adobe Sensei funktioniert und mit der sich eine Objektentfernung automatisiert realisieren lässt.

Welche Fähigkeiten benötigt man für die Anwendung dieses Cases?

- Kenntnisse in der Videobearbeitung (Konvertieren, Komprimieren, Schnitt)

37. Potenzielle Kundenkontakte in LinkedIn gewinnen

»Ich möchte im B2B-Netzwerk LinkedIn systematisch neue Kunden gewinnen und meine Community aufbauen.«

Hard Facts

- **Investition:** ●
- **Zu erwartender Nutzen:** Personen und Themen in LinkedIn folgen und aktiv eine Community aufbauen
- **Typischer Anwendungsfall:** Lead-Generierung, Neukundengewinnung, Expertensuche

Worum geht es bei diesen Tools?

Bei diesen KI-Tools handelt es sich um Cloud-basierte Automatisierungstools mit zum Teil eigenem CRM für den B2B-Vertrieb. Sie arbeiten mit einem Multichannel-Social-Selling als Lead-Generation-Tool v.a. für LinkedIn, aber auch für Twitter, Instagram und Facebook.

Anwendungsszenario – so funktioniert es

Die systematische Leadgewinnung organisiert man über Social-Selling-Sequenzen. Das Tool hilft bei der Lead-Generierung mit den Methoden: automatisierte Posts, automatisierte Kommunikations-Sequenzen, Interaktionen mit potenziellen Leads, Nachrichten automatisch antworten, Profilbesuche erhöhen.

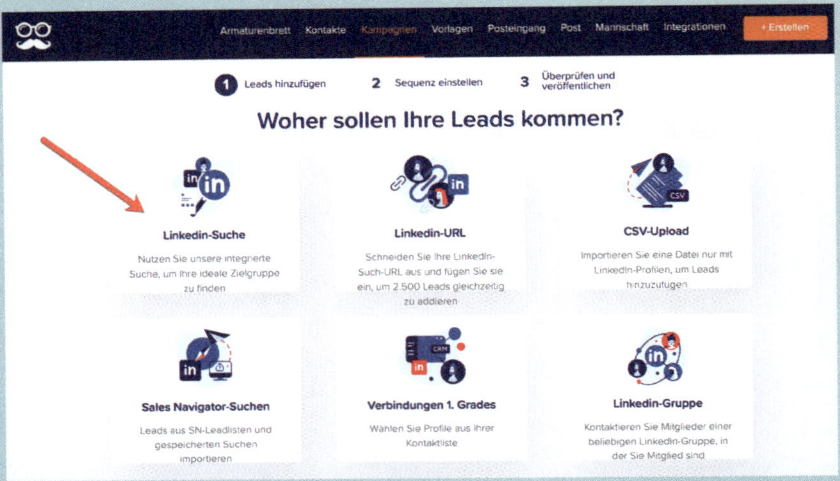

Abbildung 47: Leadgewinnung über LinkedIn-Profilsuche. Quelle: TechSmith Corporation (2021)

TOOLS IM ÜBERBLICK

Anbieter	URL	Multilink
International Software Ltd	https://meetalfred.com/	https://t1p.de/unbw
Dux-Soup	https://www.dux-soup.com/	
Crystal	https://www.crystalknows.com/	

Entscheidungshilfen

- **Meetalfred**: beste Funktionen, aber nicht sehr intuitiv zu bedienen
- **Dux-Soap**: einfachste Benutzung über Browser-Plug-in
- **Crystal**: beste Benutzerfreundlichkeit durch Sofortunterstützung bei LinkedIn-Profilbesuchen; liefert sofort nach Aufruf eines Profils zahlreiche Zusatzinformationen

Welche Fähigkeiten benötigt man für die Anwendung dieses Cases?

- Grundlagen im Aufbau von Workflows
- Kenntnisse über Sales-Funnel
- Faible für Werbeansprachen
- Psychologische Grundkenntnisse: Grundlagen der Überzeugungspsychologie

38. LinkedIn-Kontakte erfolgreich ansprechen

»Ich möchte mich für die Kontaktaufnahme auf einen neuen Gesprächspartner optimal vorbereiten.«

Hard Facts

- **Investition:** ●
- **Zu erwartender Nutzen:** Kundenzentrierte Kommunikation und die richtige Ansprache fördern den Verkaufserfolg.
- **Typischer Anwendungsfall:** personalisierte Vertriebsunterstützung für die Ansprache von Kontakten in LinkedIn

Worum geht es bei diesen Tools?

Die Persönlichkeit, das Nutzerverhalten und die individuellen Motive von potenziellen Gesprächspartnern werden mithilfe von KI-gestützten Text- und Profilanalysen detailliert skizziert. Sie erhalten individuelle Persönlichkeitsbilder Ihrer Kontakte durch eine automatisierte DISG-Analyse aller Profilinformationen.

Anwendungsszenario – so funktioniert es

Das Tool unterstützt die Lead-Generierung, indem es ein tieferes Verständnis über die Motive sozialer Kontakte in sozialen Netzwerken liefert. Damit wird die Vorbereitung auf eine personalisierte Ansprache per E-Mail, Telefon oder Video-Call unterstützt und effektiver.

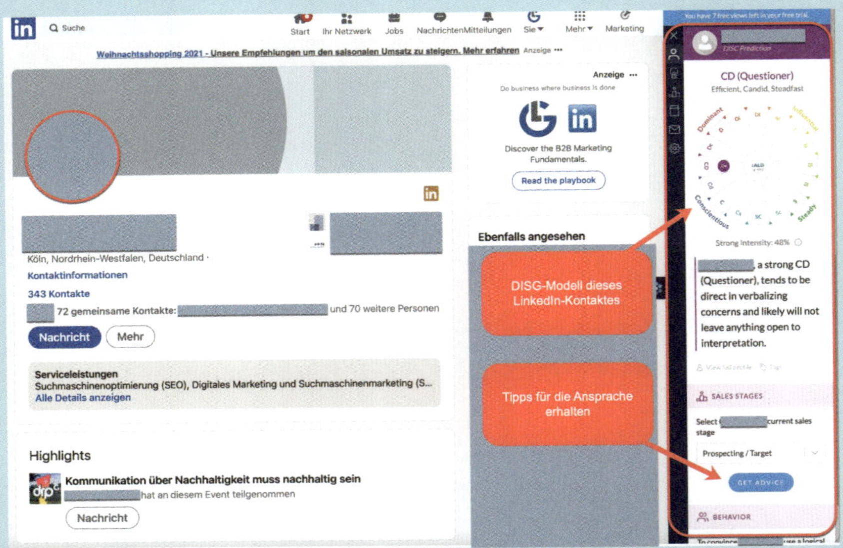

Abbildung 48: Gewinnung von personalisierten Kontaktinformationen in LinkedIn-Profilen. Quelle: crystal.com (2021)

TOOLS IM ÜBERBLICK		
Anbieter	**URL**	**Multilink**
100Worte Sprachanalyse	100worte.de	https://t1p.de/y1x7
Crystal	crystalknows.com	

Entscheidungshilfen

- **100 Worte** unterstützt und formuliert eine erste schriftliche Ansprache.
- **Crystal** verfügt über eine hervorragende Benutzerfreundlichkeit und visualisiert die Persönlichkeitsmerkmale eines LinkedIn-Kontaktes. Es trifft mit hoher Wahrscheinlichkeit entscheidungsrelevante Motive und Verhaltensweisen.

Welche Fähigkeiten benötigt man für die Anwendung dieses Cases?

- Psychologische Affinität und Kenntnisse des DISG-Modells
- Erfahrungen mit Kunden-Segmentierungen und Arbeit mit Sales-Funnel

39. Customer-Journey-Untersuchung mit Videoanalyse

»Ich möchte wissen, ob ich in der Customer Journey meiner Zielgruppe wahrgenommen werde.«

Hard Facts

- **Investition:** ●
- **Zu erwartender Nutzen:** Erhöhung der Aufmerksamkeitswirkung mithilfe von Videoanalysen
- **Typischer Anwendungsfall:** Aufbau und Optimierung eines Marketing-Funnels, Produktion eines Werbevideo, dynamische Social-Media-Ads, Scroll-Analysen von Webseiten

Worum geht es bei diesen Tools?

Die Bewegtbild-Eye-Tracking-Technologie liefert Erkenntnisse durch virtuelle Beobachtung und Erfassung der Augenbewegungen. Es handelt sich um eine wissenschaftliche Methode, die standardmäßig in der realen Praxis mit mehreren hundert Probanden arbeiten kann. Virtuell wird die menschliche und visuelle Aufmerksamkeit mithilfe einer großen Datenbank simuliert.

Auf Grundlage umfassender Laborstudien der KI-Tool-Anbieter (zum Beispiel Eyequant) werden die Blickmuster und Augenbewegungen von Menschen wie Sakkaden (schnelle Bewegungen), Fixierungen (beständiger Blick) und glatte Verfolgung (einem sich bewegenden Objekt folgen) quantifiziert. Damit wird die relative Bedeutung visueller Merkmale bestimmt und die unbewussten Prioritäten des Betrachters bei der Suche nach aufgabenrelevanten Informationen verstanden. Eyequant beschreibt auf seiner Homepage, dass die KI-Vorhersagemodelle über 1,6 Millionen Datenpunkte in 20.000 Experimenten mit Hunderten von Teilnehmern nutzen.

Im Vergleich zu realen Blickverlaufsstudien besticht die virtuelle Analyse mit Schnelligkeit und geringem Organisationsaufwand. Somit lassen sich schnell hervorragende Analysen von Design- und Konzeptiterationen ausführen. Mit den Ergebnissen lassen sich ebenso Marketing- und Salesfunnel für individuelle Customer-Journeys erstellen.

Anwendungsszenario – so funktioniert es

Bei der Eyetracking-Bewegtbild-Analyse im Self-Service wird im ersten Schritt festgelegt, ob das zu analysierende Bewegtbildmaterial im Browser oder an anderer Stelle abgespielt wird (siehe Abbildung 49). Danach wird das zu untersuchende Medienprodukt, zum Beispiel Videoaufzeichnungen von Probanden auf unserer Customer-Journey, gestartet und die Aufnahmefunktion des Tools aktiviert. Während des Abspielvorgangs werden nun die Bewegtbild-Sequenzen erfasst. Danach analysiert das System mit einem Simulationsmodell das aufgezeichnete Bewegtbildmaterial. Als Ergebnis wird ein Video ausgegeben, bei dem die aufgenommenen Bewegtbild-Sequenzen mit sogenannten Heatmaps halbtransparent überlagert werden. Hierbei werden besonders aufmerksamkeitsstarke Bereiche farblich markiert. Die Markierungen zeigen die längste Verweildauer eines Betrachters auf den Szenezeitpunkten.

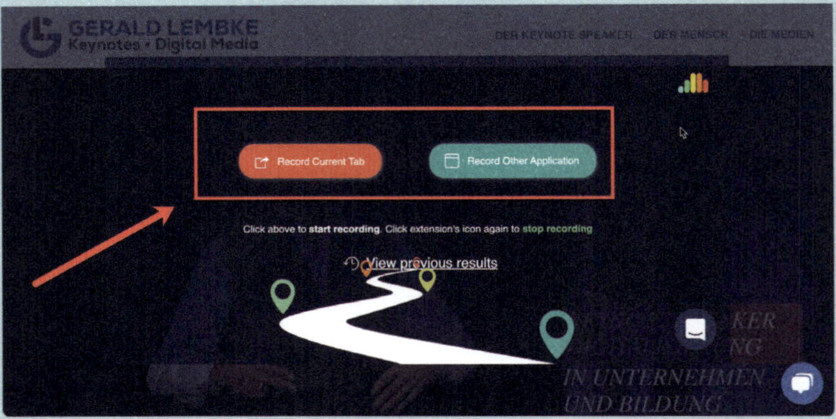

Abbildung 49: Auswahl Quelle Bewegtbild-Material. Quelle: WhiteMatter Labs Gmbh (2021)

TOOLS IM ÜBERBLICK		
Anbieter	**URL**	**Multilink**
Attention Insight	attentioninsight.com	https://t1p.de/tbl1x
WhiteMatter Labs	eyequant.com	

Entscheidungshilfen

- **Attention Insight** bietet keinen Selfservice. Es ist eine Beauftragung und Übergabe des Bewegtbild-Materials notwendig. Eine Einzelbuchung ist möglich.
- **Eyequant Experience** bietet hingegen eine Bewegtbild-Analyse im Self-Service an und ein Chrome-Browser-Plug-in. Der Service erfolgt allerdings nur in Verbindung mit einem Bezahl-Abo.

Welche Fähigkeiten benötigt man für die Anwendung dieses Cases?

- Erfahrungen mit Kunden-Segmentierungen und Arbeit mit Sales-Funnel
- Grundlagenkenntnisse in der Wahrnehmungspsychologie

40. Homepagetexte für das Suchmaschinen-Ranking optimieren (SEO)

»Ich möchte für ein bestimmtes Keyword eines bestehenden Blog-Artikels die Platzierung in den Suchmaschinen optimieren.«

Hard Facts

- **Investition:**
- **Zu erwartender Nutzen:** mehr Besucher über Suchmaschinen gewinnen
- **Typischer Anwendungsfall:** Optimierung von Produktseiten, News-Beiträgen, Blog-Artikeln und Stellenangeboten

Worum geht es bei diesen Tools?

Es sollen mehr Besucher über die Suchmaschinen gewonnen werden. Dazu wird eine entsprechende suchmaschinengerechte Aufbereitung der Webseiteninhalte benötigt. Mit SEO-Methoden (Search Engine Optimization) werden die Inhalte an existierende, thematisch passende Suchanfragen (Such-Keywords und -Phrasen) ausgerichtet und gleichzeitig die maschinelle Verarbeitung eines Seiteninhalts für die Suchmaschinen verbessert. Eine bestehende und in den Suchmaschinen gelistete Unterseite zu optimieren bedeutet stets viel Recherche- und Nacharbeit. Genau hier helfen die vorgestellten Tools. Automatisiert werden zu einem bestehenden Inhalt Wettbewerbsvergleiche in den Suchmaschinen vorgenommen, Muster analysiert und danach Optimierungsempfehlungen ausgegeben.

Anwendungsszenario – so funktioniert es

Die Tools arbeiten entweder auf Plug-in-Ebene, welches direkt in das jeweilige Website-Redaktionssystem integriert wird oder über Formulareingabefelder. Bei Letzteren werden Angaben wie Thema und Website-URL (siehe Abbildung 50) benötigt. Auf Basis dieser Angaben oder der gewählten Seite (bei Plug-in-Verwendung) wird eine Datenanalyse angestoßen. Wie oben beschrieben erfolgen basierend auf diesem Input Wettbewerbsvergleiche und Musterkennungen. Über Seitenleisten werden neben dem Seiteninhalt Optimierungsempfehlungen ausgegeben. Es besteht die Möglichkeit, sich automatische Textvorschläge anzeigen zu lassen.

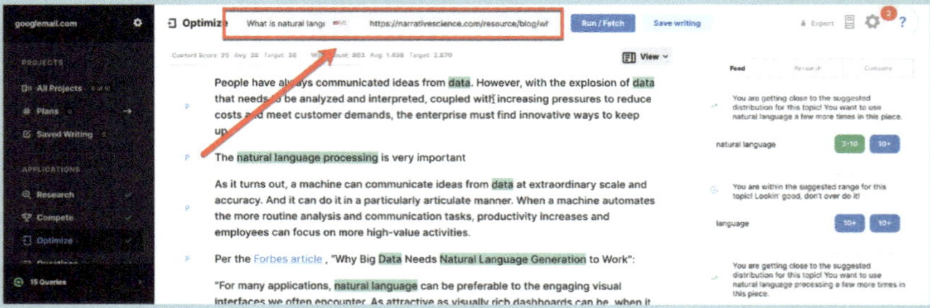

Abbildung 50: Themen und URL-Festlegung. Quelle: MarketMuse Inc. (2021)

TOOLS IM ÜBERBLICK		
Anbieter	**URL**	**Multilink**
Frase	frase.io	https://t1p.de/e0j0
Surfer	surferseo.com	
MarketMuse	marketmuse.com	
Rank Math	rankmath.com	
WordLift	wordlift.io	

Entscheidungshilfen

- **Frase**: starker Fokus auf automatische Textgenerierung; Wettbewerbsvergleich mit Kreuztabellen-Darstellung
- **Surfer**: interne Linkanalysen; Kooperation mit dem KI-Text-Tool jarvis.ai, europäischer Anbieter (Polen)
- **Marketmuse**: Ausgabe von Ist- und Zielwortanzahl mit dynamischer Aktualisierung
- **Rank Math Pro**: ausschließlich Wordpress-Plug-in; neben KI-Funktionen viele weitere SEO-Features (ähnlich Yoast SEO-Plug-in).
- **WordLift**: ausschließlich Wordpress-Plug-in, Unterstützung bei Daten-Markups, Anbieter aus Europa (Italien)

Welche Fähigkeiten benötigt man für die Anwendung dieses Cases?

- Erfahrung mit Suchmaschinenoptimierung (»Denken in Keywords«)
- Erstellen von Kommunikations- und Werbetexten für Print und Digital

41. Landingpage-Konzepte mit Textvorschlägen

»Ich brauche schnell ein Landingpage-Konzept und Texte.«

Hard Facts

- **Investition:**
- **Zu erwartender Nutzen:** Zeitersparnis und Vereinfachung von Inhaltsproduktionen
- **Typischer Anwendungsfall:** Landingpage-Konzept für ein neues Produkt oder neues Angebot erstellen, erste Inhaltsideen generieren, Marketing in der Produktentwicklung

Worum geht es bei diesen Tools?

Wird ein neues Projekt gestartet, zum Beispiel ein neues Produkt entwickeln, soll in der Regel die erste Kommunikation schnell erfolgen. Erste Feedbacks können gesammelt und im Idealfall hilfreiche Impulse an die Produktentwicklung weitergegeben werden. Ist der Name bekannt, wird die passende Domain registriert. Damit diese nach der Registrierung schnell mit Inhalten gefüllt werden kann, wird eine erste Landingpage erstellt. Hierfür werden ein Strukturkonzept und die Inhalte benötigt. Das hier vorgestellt KI-Tool bietet einen Landingpage-Generator an.

Anwendungsszenario – so funktioniert es

Im ersten Schritt werden die wichtigsten Informationen wie Produktname, Produktbeschreibung und Zielgruppe in Formularfelder eingegeben (siehe Abbildung 51). Danach wählt man aus unterschiedlichen Landingpages eine der Komponenten wie »Team«, »Feature« oder »Navigation« aus. Aus diesen werden automatisiert Inhalte auf Basis des Konzeptes und der Nutzereingaben erstellt. Alle Vorschläge können nachbearbeitet und zur weiteren Anpassung in verschiedenen Designvarianten getestet werden. Die Tools erzeugen eine Vorschau der Landingpage, auch kann der HTML-Code herunterladen werden. Je nach technischem Know-how könnte dann der HTML-Code angepasst und die Landingpage realisiert werden. Alternativ wäre es denkbar, das Konzept als Vorlage zu benutzen, um mittels No-Code (zum Beispiel mit dem Landingpage-Baukasten carrd.io) die Realisierung durchzuführen.

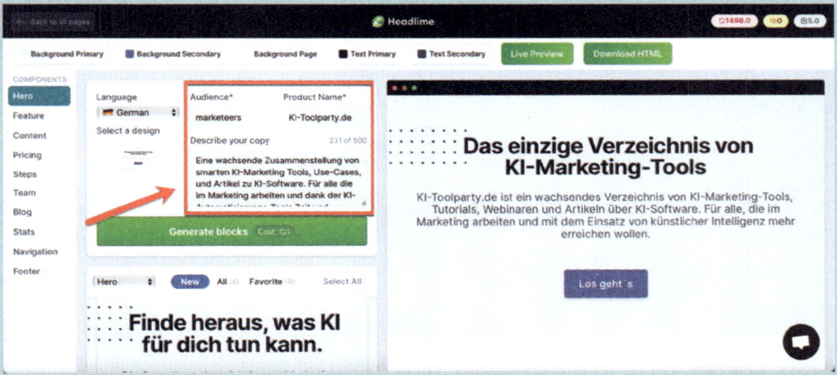

Abbildung 51: Eingabe der Basisinformationen für die Inhaltsgenerierung. Quelle: Headlime, Inc (2021)

Tools im Überblick

TOOLS IM ÜBERBLICK		
Anbieter	**URL**	**Multilink**
Headlime	headlime.com	https://t1p.de/m3e8

Entscheidungshilfen

- **Headlime**: kostenloser Test mit eingeschränktem Funktionsumfang möglich; neben dem Landingpage-Modul viele weitere Textgenerierungs-Features.

Welche Fähigkeiten benötigt man für die Anwendung dieses Cases?

- grundsätzliches Verständnis von Typografie und Layout
- Erfahrungen mit Kunden-Segmentierungen und Arbeit mit Sales-Funnel
- Anwendungswissen in Farbtypologien und -gestaltung
- Grundlagen im Webdesign (Aufbau, Struktur von Webseiten, HTML5, CSS, Javascript, SQL)

42. Designentwürfe für maximale Aufmerksamkeit

»Ich möchte den besten Designentwurf für unsere Homepage oder für meine PowerPoint-Präsentation finden.«

Hard Facts

- **Investition:**
- **Zu erwartender Nutzen:** Erhöhung der Onlineshop-Conversion, Verbesserung der User Experience und der Customer Journey
- **Typischer Anwendungsfall:** Relaunch Homepage, Gestaltung Verkaufsseiten (Landingpages) u.v.m.

Worum geht es bei diesen Tools?

Die Eye-Tracking-Technologie hilft bei der Beobachtung und Messung von Augenbewegungen und Fixationen. Es ist eine Methode, um die visuelle Aufmerksamkeit von Onlinenutzern zu erfassen und auszuwerten. Die Tools nutzen Methoden der Bilderkennung aus dem Bereich der Künstlichen Intelligenz, um einen Blickverlauf zu simulieren. Damit ermöglichen die Tools schnell und einfach Eyetracking-Analysen ohne Probanden und entsprechendes Equipment (Augenbeobachtungskamera, Usability-Lab) durchzuführen. Somit werden auch Adhoc-Eyetracking-Analysen ermöglicht.

Anwendungsszenario – so funktioniert es

Das zu untersuchende Medienprodukt (zum Beispiel Screenshot Landingpage) wird mittels Upload (siehe Abbildung 52) oder Plug-in (zum Beispiel für Chrome oder Adobe XD) in das System eingespeist. Danach analysiert das System anhand eines Simulationsmodells der menschlichen visuellen Aufmerksamkeit das Medienprodukt. Die Ergebnisse werden hierbei in sogenannte Heatmaps ausgegeben. Bei diesen werden besonders aufmerksamkeitsstarke Bereiche farblich markiert. Je nach Tool werden zusätzliche Analysen, zum Beispiel zur Klarheit des Designs oder über die Aufmerksamkeit für ausgewählte Regionen, ausgegeben.

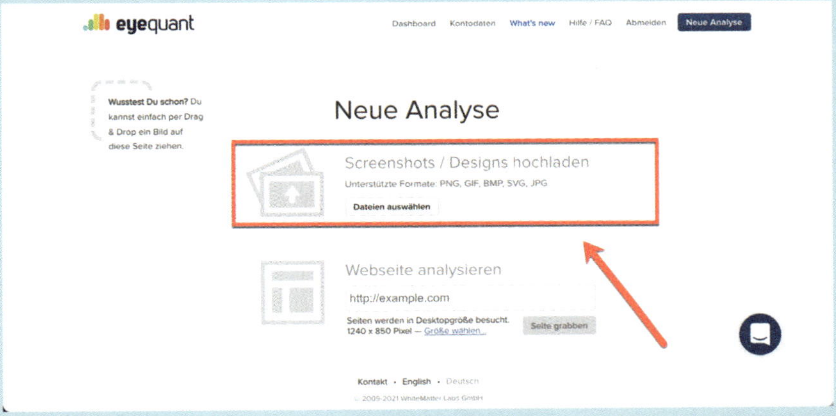

Abbildung 52: Upload zur Eyetracking-Analyse. Quelle: WhiteMatter Labs Gmbh 2021

TOOLS IM ÜBERBLICK

Anbieter	URL	Multilink
WhiteMatter Labs	Eyequant.com	https://t1p.de/9nwz1
VisualEyes	visualeyes.design	
3M VAS	vas.3m.com	
Attention Insight	attentioninsight.com	

Entscheidungshilfen

- **Eyequant** mit wissenschaftlichem Firmenhintergrund entstand aus einer universitären Ausgründung.
- **Visualeyes** ist noch ein relativ neuer Anbieter, der mit günstigen Preisen im Vergleich zu Eyequant in den Markt drängt.
- Der **3M-VAS** Algorithmus geht eher auf allgemeinere Faktoren ein und liefert keine expliziten Analysen für Websites.
- Bei **Attention Insight** sind Plugins für Adobe XD, Sketch und Figma verfügbar.

Welche Fähigkeiten benötigt man für die Anwendung dieses Cases?

- Fachwissen in der Farbtypologie, Typografie und den Gestaltungsgesetzen (visuelle Hierarchie)
- Grundlagenkenntnisse in der Wahrnehmungspsychologie

43. Objekte aus Bildern nachträglich entfernen

»Ich möchte aus einem Produktbild unseren Firmenhund entfernen, der schwanzwedelnd durch die Aufnahme lief.«

Hard Facts

- **Investition:** ●
- **Zu erwartender Nutzen:** schnell optimierte Fotos
- **Typischer Anwendungsfall:** veraltetes Markenlogo, unerwünschtes Objekt, Spiegelungen im Bild, Produktfotos retuschieren u.a.

Worum geht es bei diesen Tools?

Das Entfernen und Nachbearbeiten von Fotos (Retuschieren) ist eine häufige Aufgabe bei der Bildbearbeitung. Typische Anlässe hierfür sind störende Objekte wie ein Passant, der während der Aufnahme versehentlich mit fotografiert wurde. Aber auch Effekte wie eine unschöne Spiegelung, die während des Fotografierens nicht aufgefallen war, machen Nachbearbeitungen notwendig. Mit spezialisierten Fotobearbeitungsprogrammen wie Photoshop lassen sich zwar solche Aufgaben hervorragend ausführen, allerdings sind diese Programme nicht selbsterklärend. Gerade für Anfänger oder Gelegenheitsnutzer ist das Anlernen oft mühsam und zeitaufwändig. KI-Softwares, die Mechanismen der Bilderkennung nutzen und nur für diesen Zweck optimiert wurden, können markierte Objekte automatisch extrahieren und im Bild durch eine passende Hintergrundtextur ersetzen.

Anwendungsszenario – so funktioniert es

Je nach Ausprägung des Tools gibt es Desktop-Anwendungen oder Online-Services. Bei Letzteren wird zum Beispiel über Drag-and-drop das entsprechende Bild hochgeladen. Über ein Bearbeitungswerkzeug kann das zu entfernende Objekt oder der Bereich markiert werden (siehe Abbildung 53). Danach retuschiert das System die ausgewählte Stelle und ersetzt diese durch eine Hintergrundtextur.

Perfekt funktioniert dies bereits für klar vor dem Hintergrund abgesetzte Objekte. Bei unruhiger Hintergrundstruktur kommen die KI-Tools zum Teil an ihre Grenzen.

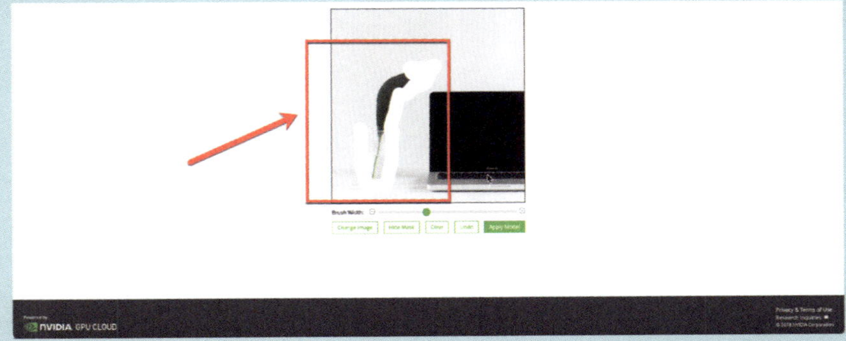

Abbildung 53: Markierung des zu entfernenden Objektes mittels Pinselstrich. Quelle: NVIDIA Corporation (2021)

TOOLS IM ÜBERBLICK

Anbieter	URL	Multilink
Cleanup	cleanup.pictures	https://t1p.de/gooz
Automated Object Remover Inpainter	github.com/sujaykhandekar/Automated-objects-removal-inpainter	
Movavi	movavi.com/photo-editor	
NVIDIA	nvidia.com/research/inpainting/index.html	
Inpaint	theinpaint.com/	

Entscheidungshilfen

- **Cleanup** ist ein kostenfreies Online-Tool, das im Test schnell und zuverlässig funktionierte. Die Bilder können verlustfrei heruntergeladen werden.
- **Automated Object Remover Inpainter** kann 20 verschiedene definierte Objekte (Tiere, Autos usw.) entfernen. Das Open-Source-Programm ist über github verfügbar und erfordert zu dessen Anwendung Programmierkenntnisse.
- **Movavi** ist eine Desktop-Software zur Bildbearbeitung, welches eine Funktion zur Objektentfernung beinhaltet. Es ist im Jahresabo erhältlich.
- **NVIDIA Image Inpainting** ist ein Online-Tool von NVIDIA und kostenfrei nutzbar. Die Bilder werden beim Hochladen auf ein festgelegtes Format geschnitten.
- Das Online-Tool **Inpaint** lieferte von den getesteten Tools die besten Ergebnisse. Neben dem einfachen Pinseln besteht auch die Möglichkeit, mit Lassowerkzeugen und justierbaren Masken zu arbeiten. Es ist auch als Desktopsoftware im Download verfügbar (kostenpflichtig).

Welche Fähigkeiten benötigt man für die Anwendung dieses Cases?

- Kenntnisse der Bildbearbeitung (Konvertieren, Komprimieren, Größenanpassungen)

44. Umsatz-/Absatzprognose für ein Forecast-Meeting erstellen

»Ich möchte eine Umsatzprognose für unseren Merchandising-Onlineshop erstellen.«

Hard Facts

- **Investition:**
- **Zu erwartender Nutzen:** datenbasierte und präzisiere Prognosen
- **Typischer Anwendungsfall:** Vorhersage von Umsatzentwicklungen, Prognose von Preisen, Vorhersage von Auslastungen, Berechnung von Kaufwahrscheinlichkeiten

Worum geht es bei diesen Tools?

Verkaufs- und Absatzprognosen sind wichtige Werkzeuge für die Entscheidungsfindung. Eine Prognoseberechnung ist häufig aufwendig und mathematisch anspruchsvoll. Hier helfen KI-Tools, indem nach Einspeisung von Datensätzen Prognoseberechnungen ausgeführt werden. Sie können beispielsweise durch fundierte Prognosen von Absatzzahlen bei der Entscheidung für eine angedachte Ausweitung der Produktion unterstützen.

Anwendungsszenario – so funktioniert es

Die Anwendung funktioniert meist über zwei Stufen. In der ersten Stufe werden dem System zum Beispiel mittels Upload historische Daten zur Verfügung gestellt und hierbei ein Datenpunkt zur Prognose ausgewählt (siehe Abbildung 54). Anhand der eingebrachten Daten und Datenpunktfestlegung wird die Prognoseberechnung trainiert (machine learning) und ein Berechnungsmodell entwickelt. In der zweiten Stufe werden aktuelle Daten eingespielt und das Modell auf diese Daten hin angewandt. Je nach Toolanbieter können vorgefertigte Modelle genutzt oder auch eigene Modelle angelegt und trainiert werden. Ebenfalls verfügen die Tools größtenteils über unterschiedlichste Schnittstellen, um Daten einzulesen oder ausgeführte Modellberechnungen zu exportieren. Die hier vorgestellten Tools können kostenlos getestet werden.

Abbildung 54: Auswahl eines Datenpunktes für die Prognose. Quelle: Akkio Inc. (2021)

TOOLS IM ÜBERBLICK

Anbieter	URL	Multilink
Peltarion	peltarion.com	https://t1p.de/1xybh
Akkio Inc.	akkio.com	
Bell Integrator	neuton.ai	

Entscheidungshilfen

- **Peltarion** ist sehr umfangreich und eher nur für Fortgeschrittene geeignet. Es enthält vorgefertigte Use Cases.
- **Akkio** ist einfach und verständlich und mit vorgefertigten Anwendungsfällen ausgestattet.
- **Neuton** ist nach Akkio in unseren Tests die beste Alternative hinsichtlich leichter Bedienbarkeit. Es enthält ebenfalls vorgefertigte Use Cases.

Welche Fähigkeiten benötigt man für die Anwendung dieses Cases?

- Mathematisches Grundverständnis und Erfahrungen in Statistik
- sicherer Umgang mit Tabellenformaten (zum Beispiel Airtable, Google Tabellen, u.ä.)
- Konzeption von automatisierten Prozessen (Workflowmanagement)

45. Video textbasiert schneiden

»Ich möchte einen Satz aus unserem neuen Werbevideo bearbeiten, ohne ein Videoexperte zu sein.«

Hard Facts

- **Investition:** ●
- **Zu erwartender Nutzen:** stark vereinfachter Videoschnitt für Jedermann
- **Typischer Anwendungsfall:** Nachbearbeitung von Videos mit Sprecher zum Beispiel Recruiting-, Image-, Produkt-, Interview-Video

Worum geht es bei diesen Tools?

Die Nachbearbeitung von Videos mit Sprachinhalten ist oft mühsam. Ein typischer Anwendungsfall, der einen Schnitt des Videomaterials erfordern kann, ist eine häufige Verwendung von Verlegenheitslauten, wie »Äh« oder »Ähm« durch den Sprecher. Für solch eine Nachbearbeitung muss das Video angeschaut und angehört werden. Dazu werden die relevanten Szenen identifiziert, Anfangs- und Endzeitmarken der betreffenden Szene ausgewählt und die Sequenz manuell entfernt. Die hier gezeigten KI-Tools machen es möglich, Videos mit Sprachinhalten mittels einer Texteditor-Benutzeroberfläche direkt automatisiert zu schneiden. Dies beschleunigt und erleichtert die Nachbearbeitung solcher Videos deutlich.

Anwendungsszenario – so funktioniert es

Um ein »Sprechervideo« zu bearbeiten, wird nach dem Import automatisch ein sogenanntes Transkript (Textabschrift des Sprachinhaltes) erstellt. In diesem Text können dann mittels Markierung Wörter oder ganze Sätze gelöscht, Pausen hinzugefügt oder entfernt (siehe Abbildung 55) werden. Die ausgeführten Änderungen im Texteditor werden direkt durch den automatisierten Videoschnitt umgesetzt. Je nach Tool ist es sogar möglich, neuen Sprechertext hinzufügen zu lassen. Hierfür wird eine systembasierte Stimmenkopie (sogenanntes Voicecloning) angefertigt. Mithilfe der Text-to-Speech-Technik generiert das System aus den Texteingaben neue Sprecheraudioinhalte.

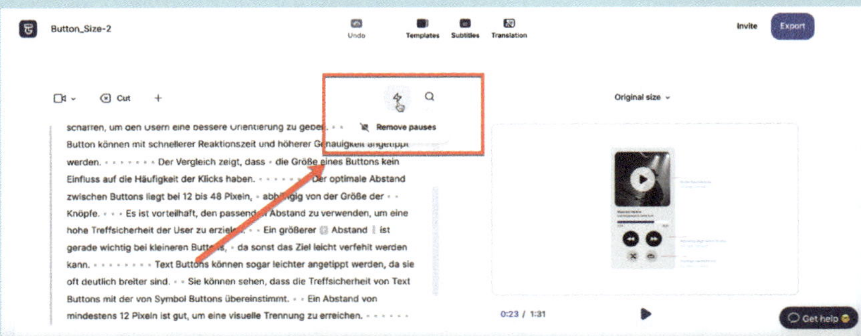

Abbildung 55: Automatisierte Entfernung von Pausen. Quelle: Type Software UG (2021)

TOOLS IM ÜBERBLICK		
Anbieter	**URL**	**Multilink**
Type Software	typestudio.co/tool/cut-video	https://t1p.de/3e18
Descript	descript.com/video-editing	
Pictory	pictory.ai/easy-video-editor	
Sonix	sonix.ai	

Entscheidungshilfen

- **Typestudio** ist einfach zu bedienen, bietet eine aufgeräumte Benutzeroberfläche und viele weitere Features für die Videobearbeitung.
- **Descript** ist nur für die englische Sprache geeignet. Die Sprachgenerierung ist auch mit einem Voicecloning (siehe oben) möglich.
- Die Benutzeroberfläche von **Pictory** ist unkomfortabel. Allerdings bietet es weitere Features zur Videoproduktion.
- Der Hauptzweck des Dienstes von **Sonix** ist die Übersetzung von Video- oder Audiofiles. Jedoch wird ebenfalls eine Videoschnittfunktion von Sprechervideos auf Texteditorbasis angeboten.

Welche Fähigkeiten benötigt man für die Anwendung dieses Cases?

- Grundkenntnisse in der Videobearbeitung (Konvertieren, Komprimieren, Schnitt)

46. Video automatisch übersetzen

»Ich möchte das Werbevideo unseres Wettbewerbers aus Asien sofort ins Deutsche übersetzen lassen.«

Hard Facts

- **Investition:** ●
- **Zu erwartender Nutzen:** Verständnis von fremdsprachigen Inhalten
- **Typischer Anwendungsfall:** Übersetzung von Video- und Textmaterialien im Rahmen einer Themenrecherche, Übersetzung von Reportings und Präsentation ausländischer Tochtergesellschaften, Aufbereitung von Marketingmaterialien für ausländische Märkte

Worum geht es bei diesen Tools?

Mit der Globalisierung wächst für Unternehmen auch der Bedarf an fremdsprachlicher Kommunikation für mehrsprachige Inhalte. Bei einer Themenrecherche entsteht oft die Situation, dass man auf geeignete Inhalte stößt, diese aber nicht in deutscher Sprache zur Verfügung hat. Ebenfalls kann es sein, dass durch eine Ad-hoc-Anfrage eines potenziellen Kunden aus dem Ausland rasch Informationen aus Marketing Assets wie Infoblätter oder Präsentationen in übersetzter Form zur Verfügung gestellt werden müssen. Gerade unter Zeitdruck oder im Falle einer Themenrecherche macht das Einschalten eines professionellen Übersetzungsdienstes häufig wenig Sinn. Im Bereich der KI-Methodik des Natural Language Processing gibt es bereits eine wachsende Anzahl an Tools, die maschinell schnell Übersetzungen für Dokumente wie Word- oder PowerPoint-Dateien bis hin zu Video- oder Audiodateien bieten.

Anwendungsszenario – so funktioniert es

Je nach Tool kann ein typisches Office-Dokument (zum Beispiel eine Word- oder PowerPoint-Datei) und/oder eine Videodatei hochgeladen werden. Bei letzterer wird automatisch der Sprachinhalt erkannt und transkribiert (maschinelle Abschrift des Sprachinhaltes). Danach kann die Zielsprache gewählt werden, und das System generiert eine Übersetzung der Transkription. Außerdem kann ein Dokument hochgeladen oder ein Text in einem entsprechenden Feld eingesetzt werden (siehe Abbildung 56). Dieser wird dann in die ausgewählte Sprache übersetzt. Je nach Tool besteht die Möglichkeit, ein Video mit einer generierten maschinellen Sprachspur in der gewünschten Zielsprache produzieren zu lassen.

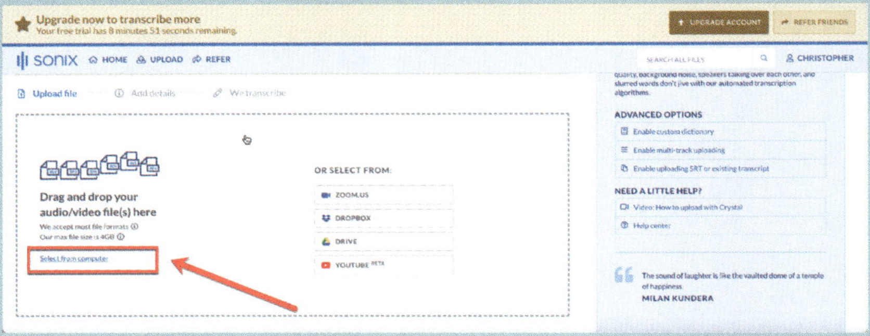

Abbildung 56: Möglichkeit, Video- oder Audioformate zur Übersetzung hochzuladen. Quelle: Sonix Inc. (2021)

TOOLS IM ÜBERBLICK		
Anbieter	**URL**	**Multilink**
Sonix	sonix.ai	https://t1p.de/wiwy
Google Translate	translate.google.de	
TextUnited	textunited.com	
Deepl	deepl.com/translator	
Type Studio	typestudio.co	

Entscheidungshilfen

- **Sonix** ist ausschließlich für Video- und Audioformate anwendbar. Neben monatlichen Abos ist auch eine Abrechnung nach verarbeiteten Video-Audio-Minuten möglich. Zudem verfügt es über ein automatisiertes Videoschnitt-Feature.
- Die kostenlose Software **Google Translate** beinhaltet verschiedene Dokumenten-Features, wie zum Beispiel die direkte Übersetzung eines Fotos. Die Qualität ist allerdings mittelmäßig.

- Die Auftragsmöglichkeit von **TextUnited** ist direkt an einen Übersetzer angeschlossen. Ein Free-Account ist eingeschränkt verfügbar.
- Bei **Deepl** sind alternative Wörter wählbar. Es verfügt über ein integriertes Wörterbuch. Das Übersetzungsergebnis ist sehr überzeugend. eingeschränkt kostenlos verfügbar.
- **Type Studio** ist nur für Audio- und Videoformate anwendbar und bietet viele weitere Videobearbeitungsmöglichkeiten. Das Übersetzungsfeature ist nur im Bezahl-Abo verfügbar.

Welche Fähigkeiten benötigt man für die Anwendung dieses Cases?

- Grundkenntnisse in der Audio- und Videobearbeitung (Konvertieren, Komprimieren, Schnitt)

47. Marketingteam für Projekt optimal zusammenstellen

»Ich möchte Teammitglieder für die anstehende KI-Task-Force für unsere Marketingabteilung auswählen.«

Hard Facts

- **Investition:**
- **Zu erwartender Nutzen:** Verbesserung der Kommunikation
- **Typischer Anwendungsfall:** individuelle Ansprache von potenziellen Kunden oder Bewerbern ohne Social-Media-Accounts, Zusammenstellung von Teams, die auf Ebene der Persönlichkeit effektiv zusammenarbeiten könnten

Worum geht es bei diesen Tools?

Erfolgreiche Kommunikation bedarf vorwiegend der Kenntnis und des Verständnisses der Motive und Charaktermerkmale des Gegenübers. Persönlichkeitsprofile mithilfe spezialisierter Fragebögen nehmen Einstufungen nach Modellen (Big Five, OCEAN) vor. Die KI-Tools nutzen Methoden Künstlicher Intelligenz wie Deep Learning, um Persönlichkeitsmerkmale aus gesprochener oder geschriebener Sprache automatisiert zu gewinnen. Dadurch können potenzielle Bewerber oder Kunden individueller angesprochen und sowohl das Recruiting als auch die Verkaufsabschlüsse optimiert werden. Bei dieser Zusammenarbeit kann eine Auswahl von zueinanderpassenden Persönlichkeitsprofilen die Teamzusammenstellung und damit die Produktivität erhöhen.

Anwendungsszenario – so funktioniert es

Voraussetzung für eine Einstufung ist eine ausreichende Textmenge, die zum Beispiel aus E-Mails, Tweets oder Produktrezensionen einer Person vorliegen muss. Zur Nutzung der Tools genügt entweder ein Upload der Textdaten oder das Verwenden eines Plug-ins, wie zum Beispiel das Outlook-Plug-in. Nach der Analyse erhält der Nutzer Informationen zu Persönlichkeitsmerkmalen inklusive Scoring (siehe Abbildung 57). Daneben unterstützen die Tools mit Empfehlungen die optimale Ansprache. So kann durch die Wahl einer Formulierung, die den jeweiligen Persönlichkeitsmerkmalen entgegenkommt, die Kommunikation verbessert werden.

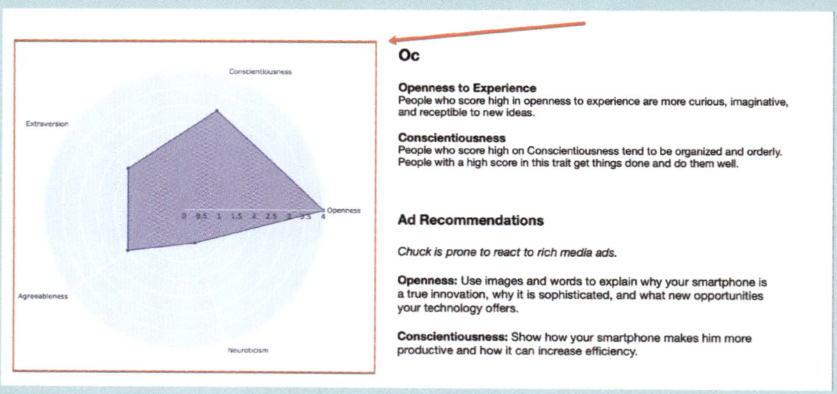

Abbildung 57: Gewichtung ermittelter Persönlichkeitsmerkmale. Quelle: Mnemonic (2021)

TOOLS IM ÜBERBLICK		
Anbieter	**URL**	**Multilink**
Mnemonic	mnemonic.ai	
100 Worte Sprachanalyse	www.100worte.de	https://t1p.de/whgb

Entscheidungshilfen

- **Mnemonic** ermöglicht einen Upload von Textdaten im Tabellenformat und damit eine hohe Flexibilität im Dateninput.
- Bei der **100 Worte Sprachanalyse** ist eine automatisierte Persönlichkeitseinstufung nur über das Outlook-Plug-in möglich. Andere Plug-ins sind noch in Planung (zum Beispiel Gmail-Plug-in).

Welche Fähigkeiten benötigt man für die Anwendung dieses Cases?

- Kenntnisse der herrschenden Persönlichkeitsprofile (zum Beispiel Ocean, DISG, u.a.)

48. Welches ist das beste Logo?

»Ich benötige schnell eine objektive Einschätzung zu den Logoentwürfen von unserer Agentur.«

Hard Facts

- **Investition:** ●
- **Zu erwartender Nutzen:** objektivierte Schnellprüfung
- **Typischer Anwendungsfall:** Logo für ein neues Produkt/Organisation (zum Beispiel Tochtergesellschaft), angepasste Logoversion für digitale Kanäle wie Social Media, Logoüberarbeitung aufgrund geändertem Organisationszweck

Worum geht es bei diesen Tools?

Anlässe für ein überarbeitetes oder komplett neues Logo gibt es viele, zum Beispiel die Gründung einer neuen Tochtergesellschaft oder die Anpassung des in vergangenen Zeiten als Schildversion entworfenen Logos für die digitalen Kanäle. Eine objektive Logobeurteilung und Entscheidung bei vielen unterschiedlichen Designvarianten fällt oft nicht leicht, gerade wenn Kenntnisse von Typografie und Layout kaum vorhanden sind. Für das Feedback kann alternativ auf Kundenumfragen und unabhängige, externe Experten zurückgegriffen werden. Das ist allerdings zeitaufwendig und/oder mit weiteren Kosten verbunden. Das hier vorgestellte Tool **Logo Rank** ist ein KI-System, das mit über einer Million Logos trainiert wurde. Es gibt schnell und qualifiziert Feedback zum eigenen Entwurf.

Anwendungsszenario – so funktioniert es

Nach Upload des Logos wird dieses analysiert und danach ein Gesamtscoring sowie Werteeinschätzungen (auf einer Skala von 0 bis 100) zu drei verschiedenen Kriterien ausgegeben. Die Kriterien stellen sich wie folgt dar:

1. **Einzigartigkeit:** Hier wird die Ähnlichkeit des Logos mit der Anbieter-Bibliothek (> 1 Mio. Logos) geprüft. Ein hoher Score wird erreicht, wenn das Logo einzigartig ist und sich leicht von Stockbildern und anderen gängigen Formen unterscheiden lässt. Es wird auch die Anzahl angezeigt, wie viele einander ähnliche Logos identifiziert werden konnten.
2. **Lesbarkeit:** Bei dieser Kategorie wird geprüft, inwieweit das Logodesign eine ausreichende Silhouette besitzt und so auch bei niedrigen Auflösungen, aus der Ferne oder auf mobilen Geräten, erkennbar ist. Neben der erreichten Werteausgabe wird auch das Logo in simulierten problematischen Darstellungssituationen gezeigt (siehe Abbildung 58).
3. **Farbe/Kontrast:** Farbe und Kontrast können dazu beitragen, die Aufmerksamkeit, welche das Logo erzeugt, zu beeinflussen. Daneben kann Farbe helfen – mit Bezug auf die Farbpsychologie –, eine Marke richtig zu positionieren.

Abbildung 58: Simulierte Ausgabe in problematischen Darstellungssituationen. Quelle: brandmark.io (2021)

TOOLS IM ÜBERBLICK		
Anbieter	**URL**	**Multilink**
brandmark io	brandmark.io/logo-rank	https://t1p.de/9699

Entscheidungshilfen

- **Brandmark io** ist ein kostenloser und einzigartiger Onlineservice.

Welche Fähigkeiten benötigt man für die Anwendung dieses Cases?

- Kenntnisse der Bildbearbeitung (Konvertieren, Komprimieren, Größenanpassungen)

49. Video mit fotorealistischem Präsentator produzieren

»Ich will sofort ein internes Schulungsvideo für das Onboarding neuer Mitarbeiter ohne Kamera und Mikrofon produzieren.«

Hard Facts

- **Investition:**
- **Zu erwartender Nutzen:** extrem beschleunigte Videoproduktion
- **Typischer Anwendungsfall:** Erstellung von Produktpräsentationsvideos, Generierung von Schulungsvideos, Erstellung von individuellen Willkommensvideos für Neukunden, automatische Serienvideos

Worum geht es bei diesen Tools?

Die Produktion eines Videos mit einem sichtbaren Sprecher ist aufwendiger als ein personenfreies Video. Jedoch lohnt meist der Aufwand, denn aus der Wahrnehmungspsychologie ist bekannt, dass unsere Aufmerksamkeit von menschlichen Gesichtern angezogen wird. Die Tools bieten hier eine Lösung für eine schnelle und effiziente Sprechervideoproduktion: Eine ausgewählte Sprecherfigur wird als Videosprecher mit synchronisierter Lippenbewegung automatisch erzeugt. So ist es möglich, Sprechervideos vollständig automatisiert zu produzieren – ohne Kamera und Tonaufnahme.

Anwendungsszenario – so funktioniert es

Nach der Auswahl einer Sprecherfigur (siehe Abbildung 59) kann Text eingegeben und die gewünschte Sprache gewählt werden. Der eingegebene Inhalt wird dann, nach kurzer Berechnung durch den ausgewählten Sprecher, wiedergegeben. Für die Sprachspur kann auch alternativ die Text-to-Speech-Funktion (mit eigener Stimme aufgenommene Sprachdatei) ausgewählt werden. Zusätzlich bieten die Plattformen die Möglichkeit, neben dem Sprecher weitere Videoinhalte zu platzieren. Abhängig vom Leistungsumfang des jeweiligen Tools geschieht dies entweder über den

Upload einer Präsentationsdatei oder über eine folienorientierte Editoroberfläche. Diese sollte bereits aus Präsentationsprogrammen wie PowerPoint oder Keynote bekannt sein. Ist die Erstellung abgeschlossen, wird die Videogenerierung angestoßen. Nach dem Videorendering kann dieses heruntergeladen werden. Je nach Toolanbieter ist es möglich, eigene Sprecherfiguren einzuspielen. Hierfür wird mit einer ausgewählten Person ein Video vor einem Greenscreen mit einem vorgegebenen Sprechertext produziert. Mit diesem Material erzeugen die Anbieter dann einen individuell wählbaren Sprecher (Synthetisierung). Durch eigene Tests können wir bestätigen, dass dies bereits einwandfrei funktioniert.

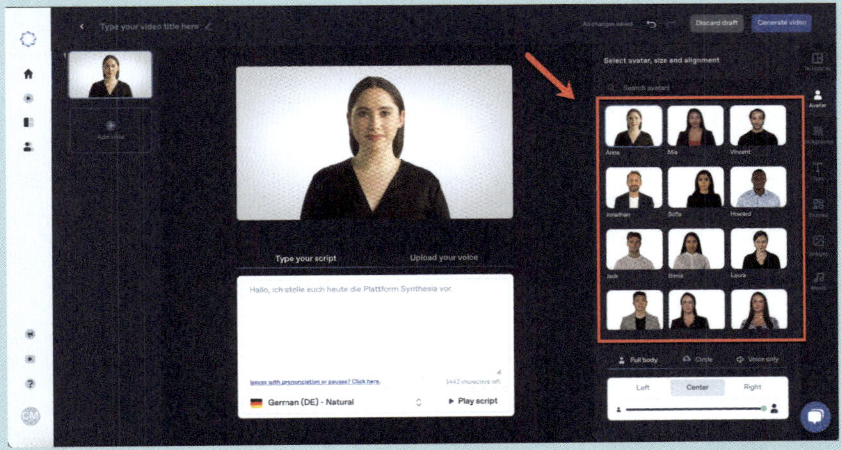

Abbildung 59: Auswahl einer Sprecherin für eine Videogenerierung. Quelle: Synthesia Ltd. (2021)

TOOLS IM ÜBERBLICK		
Anbieter	**URL**	**Multilink**
Rephrase.ai	rephrase.ai	https://t1p.de/17fgg
Synthesia	synthesia.io	
Hour One	hourone.ai	

Entscheidungshilfen

- **Rephrase.ai** ist auf die Serienvideoerstellung durch Kampagnenstatistiken fokussiert. Hier stehen weniger Gestaltungselemente zur Verfügung.
- **Hour One** bietet Video-Hosting und eine detaillierte Abrufstatistik. Eine Einsicht in Preise und Pakete ist nicht möglich.
- Mit **Synthesia** ist das Hochladen des eigenen Gesichts und der eigenen Stimme möglich und bietet viele Gestaltungselemente (Musik, Formen, usw.). Zudem können eigene PowerPoints, Logos und Dateien hochgeladen werden.

Welche Fähigkeiten benötigt man für die Anwendung dieses Cases?

- Kenntnisse der Bild- und Videobearbeitung (Konvertieren, Komprimieren, Größenanpassungen)
- Entwicklung von Storyboards

50. Kunden-Produktpräsentation mit KI-Kamera

»Ich möchte einem Kunden über die Distanz unser Produkt ohne zusätzlichen Personaleinsatz live präsentieren.«

Hard Facts

- **Investition:** ●
- **Zu erwartender Nutzen:** vielfache Kameraperspektiven ohne Filmteam
- **Typischer Anwendungsfall:** Produktvorstellung aus unterschiedlichen Blickwinkeln, Online-Präsentation mit Szenenwechsel, Onlinekonferenz mit Kameraführung auf wechselnde Sprecher

Worum geht es bei diesen Tools?

Eine Standaufnahme lässt sich heute mit gängigen Smartphones qualitativ anspruchsvoll realisieren. Für Produktpräsentationen und Schulungsvideos mit wechselnden Ansichten, zum Beispiel von einer Frontalansicht des Redners über einen Schwenk zum Flipchart, benötigt es hingegen eine Kameraführung. Um diese Szenenwechsel mit entsprechenden Kameraschwenks zu realisieren, wird ein Kameramann oder sogar ein Produktionsteam benötigt. Spezielle Kameras in Verbindung mit Techniken der Künstlichen Intelligenz wie automatisierter Objekterkennung machen es möglich, die oben beschriebenen Szenarien automatisch auch ohne Kamerateam zu kreieren.

Anwendungsszenario – so funktioniert es

Die hier vorgestellte KI-Kameratechnik arbeitet mit speziellen motorbetriebenen Drehfüßen. Diese erlauben es der Kamera, den Bewegungen des fokussierten Objektes (sich bewegende Person) zu folgen. Hiermit entstehen automatisierte Kameraführungen, die die Person im Fokus halten. Zusätzliche Steuerungen wie ein Zweifach-Zoom kann über Gesten durch das Heben von zwei Fingern (siehe Abbildung 60) ausgelöst werden. Auch hier arbeitet die automatische Erkennung auf KI-Technologien und übersetzt die erkannte Geste in eine entsprechende Hardwaresteuerung um. In unseren Tests (Obsbot Tiny) hat sowohl die automatisierte Kameraführung als auch die Gestensteuerung bereits erstaunlich gut funktioniert. Die Bildqualität könnte besser sein, aber es ist ein Nachfolgeprodukt mit 4K-Auflösung bereits in der Produktion.

Dieser Anwendungsfall zeigt, dass ein Zusammenwachsen von Technologien der Künstlichen Intelligenz mit Hardwareausrüstungen völlig neue Lösungen hervorbringt. Die ersten Anwendungen funktionieren hervorragend.

Abbildung 60: Geste für einen Zweifach-Zoom. Quelle: Remo Tech (2021)

TOOLS IM ÜBERBLICK	
Anbieter	**URL**
Remo Tech	https://www.obsbot.com

Entscheidungshilfen

- Für **Remo Tech – Obspot-Modelle** sind verschiedene Modelle wie Webcam oder ein KI-gesteuertes Stativ für Smartphones verfügbar.

Welche Fähigkeiten benötigt man für die Anwendung dieses Cases?

- Kenntnisse der Videobearbeitung (Konvertieren, Komprimieren, Größenanpassungen)
- Erfahrungen im Live-Streaming, Erfahrungen mit verschiedenen Webkonferenz-Anwendungen

5. DIGITALE KOMPETENZEN FÜR IHR MARKETING

Smart werden statt wegwischen

Es ist ein Irrtum anzunehmen, dass das Bedienen eines Smartphones bereits eine digitale Kompetenz sei. Polemisch formuliert handelt es sich eher um eine Wischkompetenz, die für die Befriedigung eines persönlichen Unterhaltungsbedarfes genügt. Doch im Marketingalltag löst es keine Businessprobleme. Eine Smartphone-Sucht bedeutet nicht automatisch, dass damit die notwendige Grundlage für eine effektive Nutzung von KI-Tools verbunden wäre.

Weitaus zukunftsorientierter drängt sich die Frage nach den Kompetenzen in Anbetracht der rasanten technischen Entwicklungen auf. Lassen Sie uns gemeinsam diese Frage beantworten. Fachwissen bleibt auch in zunehmend technisierten Umfeldern relevant. Wir benötigen darüber hinaus Fähigkeiten, die die menschliche Kommunikation und das Aushandeln individueller Interessen und Konflikte auf Grundlage faktenbasierter Argumente (Wissen) überhaupt erst ermöglichen.

Es gibt Protagonisten im Umfeld der Künstlichen Intelligenz, die keine Scheu haben, nahezu alles zu digitalisieren und zu automatisieren. In dieser Utopie wird ausschließlich digital kommuniziert. Die analogen und fehleranfälligen Tätigkeiten des Menschen werden durch Künstliche Intelligenzen ersetzt. Ja, auch wir unterlagen den Verführungen während der Tests der KI-Tools und sind fasziniert über die sprachlichen und intelligent wirkenden Fähigkeiten von Soft- und Hardware. Um sich dem zu entziehen, haben wir uns immer wieder an die Umsetzungen und Implementierungen der Marketingpraxis erinnert (siehe Kap. 4) und ins Bewusstsein zurückgerufen: Es braucht viel Menschliches für die Arbeit mit KI-Tools.

Dieses Menschliche zeigt sich in kreativen, methodischen und kritischen Denkleistungen. Kreativ, weil die Gestaltung von neuen Prozessen und Medien keiner Blaupause folgt und immer wieder neu gedacht werden muss. Methodisch, weil KI-Tools gewohnte und liebgewonnene Routinen auf den Kopf stellen und als Werkzeuge die Ergebnisorientierung maßgeblich beeinflussen. Damit der Mitarbeiter diese Prozesse beherrschen kann, muss er die Funktionsweisen nachvollziehen können – mögen sie auf den ersten Blick mehr oder weniger verständlich sein. Und letztendlich wäre es fatal, die Funktionen von KI-Tools unkritisch zu befolgen und sie als neue Wahrheit der tatsächlichen Realität zu betrachten. Kritik ist hinreichend für die notwendige Distanz, aber notwendig ist es, das Tool zu beherrschen und nicht umgekehrt.

Dazu gesellen sich Organisationskompetenzen und ein ausgeprägtes Verständnis über Organisationsabläufe von Tages- und Wochenorganisationen, Medienkompetenzen zur Abgrenzung von Wichtigem und Unwichtigem und schließlich Entscheidungskompetenzen zur Fokussierung auf das Wesentliche. Für den betrieblichen Einsatz ist ein grundlegendes technisches Verständnis der Funktionsweisen von Algorithmen unerlässlich. Das hat eine Firma aus Niederbayern verstanden und daraus ein Geschäftsmodell entwickelt. Hören Sie dazu diesen Podcast mit den Geschäftsführern Klaus Penzkofer und Michael Hübner. Sie erzählen, wie in ihren Unternehmen smartphoneabhängige Mitarbeiter von Wischweltmeistern zu Qualitätsmeistern wurden.

Autoren-Podcast

Aktives Smartphone-Management

Wie Teams wieder produktiv werden

https://t1p.de/pxti

Auf dem Weg zu neuen Denkweisen

Der vielbeschriebene Begriff Mindset umschreibt die Denkweise, Haltung, Mentalität und Orientierung eines Menschen. Die Einstellung zu Technologien wird geprägt von Erfahrungen, die ein Mitarbeiter mit diesen bisher gemacht hat. Aus Erfahrungen und Beobachtungen entwickeln wir schließlich unser individuelles Selbstbild. Sowohl die negativen als auch die positiven Erfahrungen in der Nutzung setzen sich im Langzeitgedächtnis fest. Je nach Persönlichkeitstyp wirken sich negative oder positive stärker auf die Handlungskompetenz aus.

DIE ÜBLICHEN BESTÄTIGUNGSFEHLER

- »Der letzte Serienbrief hat auch nicht viel gebracht. Warum sollte ich einen neuen aufsetzen?«
- »In der Cloud zu arbeiten ist doch Mist. Da habe ich schon mal eine Datei nicht wiedergefunden.«
- »In den Videocalls funktioniert immer etwas nicht bei mir. Da ist entweder das Mikrofon, die Kamera oder das Internet lahm. «

Sie verankern sich im Unterbewusstsein und entfalten ihre hemmende oder fördernde Wirkung für Neues. Überwiegen eher die negativen Erfahrungen, kann dieses Ungleichgewicht zu Fehleinschätzungen führen (siehe Bestätigungsfehler, S. 20).

Wie können Einstellungen von Mitarbeitern und Teams geändert werden, um eine Marketingorganisation aus technologischer Sicht voranzutreiben? Originär handelt es sich um eine stetige Change-Management-Aufgabe – kein einfaches Unterfangen. Für ein tieferes Eintauchen verweisen wir auf das Buch »Digital-Fitness für Führungskräfte: Praxiswissen, Skills und Checklisten für die neue hybride Arbeitswelt« von Gerald Lembke und Nadine Soyez (2021).

Ziehen wir hier zur Klärung der Frage erweiterter Denkweisen die US-amerikanische Professorin für Psychologie an der Stanford University Carol Dweck (2017) heran. Sie hat in diesem Arbeitsfeld eine weltweite Bekanntheit erlangt. Seit mehr als 30 Jahren arbeitet sie vorwiegend mit jungen Menschen an der Veränderung von menschlichen Einstellungen. In ihrer Forschung vergleicht sie regelmäßig zwei Gruppen von jungen Menschen.

Die erste Gruppe pflegt eine sogenannte *statische Einstellung*. Menschen mit einer statischen Denkweise empfinden die Konfrontation mit schwierigeren Aufgaben und Problemen als »katastrophal und tragisch«. Sie pflegen eine feste Einstellung zu ihrem Arbeitsumfeld und beurteilen ihre Intelligenz als einen statischen, unveränderbaren Zustand. Dieser genügt, um bekannte Probleme routiniert bearbeiten zu können. Liegen diese allerdings außerhalb des fixen Zustandes, der sich aus der persönlichen Historie zu einer festen Routine entwickelt hat, wenden Sie sich von solchen Herausforderungen ab. Man könnte meinen, sie versagen nicht mangels Intelligenz, sondern mangels einer Denkweise, die sich Neuem gegenüber verschließt. Solch ein Ergebnis kann durch einen fehlenden Zugang zu persönlichen Potenzialen und Ressourcen entstehen.

Die zweite Gruppe hingegen pflegt eine *dynamische Einstellung* zum Arbeits- und Lebensalltag. Menschen aus dieser Gruppe sind an bestimmten Äußerungen zu erkennen: »Ich liebe Herausforderungen« oder »Probleme lösen macht mir Spaß«. Durch diese Einstellung sind sie in der Lage, sich den Herausforderungen und Problemen in der Arbeit zu stellen, und können so auch noch ihre persönlichen Fähigkeiten weiter ausbauen. Sie entwickeln persönliches Wachstum und gewinnen eine »Wachstumsmentalität«.

Das spannende Erkenntnisinteresse ist die Antwort darauf, welche mentale Denkweise zu mehr persönlichem und wirtschaftlichem Wachstum führt. In Marketingorganisationen und Unternehmen haben beide Denkweisen in diversen Ausprägungen ihre Daseinsberechtigung. Während die einen sich um das standardisierte Geschäft kümmern (statischer Mindset), sehen die anderen (dynamischer Mindset) das zu Erreichende in der Zukunft.

Statische Denkweise	Dynamische Denkweise
Ich kann das NOCH nicht – wie kann man das lernen	Ich kann das nicht!
Ich möchte neue Dinge lernen und gehe Risiken ein.	Ich bleibe bei dem, was ich kenne. Entweder bin ich gut darin oder schlecht.
Ist das wirklich meine beste Arbeit? Wie kann ich mich verbessern?	Es ist ok, so wie es ist. Kritisiere mich nicht!
Ich weiß, dass mir dieses Projekt helfen wird – auch wenn es schwierig ist.	Dieses Projekt ist schwierig. Damit zu starten, wäre Zeitverschwendung.
Ich kenne meine Schwächen und ich arbeite daran.	Diese Arbeit ist langweilig und niemand tut sie gerne.
Ich frage mich, wie sie das geschafft haben. Lass es mich herausfinden!	Für die anderen ist es einfach. Sie haben einfach Talent dafür!

Abbildung 61: Merkmale statisches Mindset versus dynamisches Mindset. Quelle: in Anlehnung an Dweck (2017)

Es ist offensichtlich, dass Letztere eine größere Offenheit für Zukunftstechnologien besitzen und die Nutzbarmachung auch als persönliche Herausforderung annehmen. Niemand kann eine fundierte Aussage darüber treffen, wie viele Menschen aus der einen Gruppe und wie viele Mitarbeiter aus der anderen Gruppe eine erstrebenswerte Mischung ergeben. Je nach Branche und Unternehmensgröße variiert die subjektive Einschätzung. Die Antwort besteht darin, beide Typen zu akzeptieren, sie wertzuschätzen und ihnen weitere Möglichkeiten zur Entwicklung anzubieten. Vorsichtige Menschen können übermütige Kollegen vor Schaden bewahren, und mutige Personen können ängstliche Teammitglieder motivieren und mitnehmen. Beide Gruppen können sich gegenseitig befruchten.

Dweck schlägt fünf Schritte vor, um an der persönlichen Einstellung und an der seines Teams zu arbeiten (2017: 292–301). Manche Mitarbeiter starten mit Schritt 1, andere steigen erst bei einem späteren Schritt ein.

Schritt 1: Akzeptieren Sie statische Selbstbilder

Statische Selbstbilder sind menschlich. Sie sind nicht falsch, sondern sie sind einfach da. Statischen Selbstbildern eine negative Konnotation zu geben führt zu keiner positiven Entwicklung.

Schritt 2: In welchen Situationen macht sich das statische Selbstbild bemerkbar?

Denken Sie darüber nach, wann das letzte Mal Ihr statisches Selbstbild aufgetreten ist. Wenn Sie verstehen, was das »statische Ich« auf den Plan ruft, lernen Sie es besser kennen. Verurteilen Sie es nicht. Beobachten Sie es wertfrei.

Schritt 3: Geben Sie dem »statischen Ich« einen Namen

Nehmen Sie sich einen Moment Zeit und denken Sie darüber nach, aus welchem Bezug Sie diesem Ich einen Namen geben möchten. Vielleicht gibt es einen Schauspieler, eine Figur aus einem Roman oder eine Rolle aus einem Film? Dieses Ich ist eine Seite von Ihnen, aber nicht die entscheidende. Wir nennen dieses Ich »Scarlet«. Männer dürfen es auch »Wolfgang« nennen.

Schritt 4: Erziehen Sie »Scarlet« und »Wolfgang«

Nehmen Sie Scarlet mit auf Ihrem Weg, die Komfortzone zu verlassen. Immer dann, wenn Scarlet auftaucht, begrüßen Sie sie und halten Sie sie auf. Bieten Sie dieser Seite an, Sie auf einem neuen *Weg zu begleiten*. Beide sind dafür da, auf Sie aufzupassen. Leider übertreiben Sie zu oft. Bringen Sie beiden die neue Sichtweise bei, vor Herausforderungen nicht zurückzustecken, sondern sie anzunehmen. Nehmen Sie sie mit auf dem Weg zu ihrem neuen dynamischen Selbstbild.

Schritt 5: Lernen Sie, Kollegen und Mitarbeitern dabei zu helfen

Dieser Schritt stellt einen Idealfall dar. Sollten Sie die ersten vier Schritte für sich selbst wiederholt durchgespielt und in der Praxis angewandt haben, können Sie dies Ihren Kollegen und Mitarbeitern beibringen, mit denen sie gemeinsam zusammenarbeiten.

Veränderungen und die einhergehende Öffnung einer statischen Einstellung fördern die Nutzung von neuen Technologien. Das geschieht nicht von heute auf morgen. Denn dabei handelt es sich um einen Prozess. Schließlich darf jeder Mitarbeiter für sich selbst entscheiden, ob und wie er sich verändern möchte. Es wird sich lohnen. Dazu berichtet Dweck aus ihren Forschungserfahrungen:

> »Ich habe noch nie erlebt, dass jemand gesagt hätte, Veränderungen seien es nicht wert gewesen. ... Menschen können klar benennen, wie sich ihr Leben verbessert hat. Haben Sie mit der Veränderung ihrer Einstellung sämtliche Probleme gelöst? Nein. Aber ich weiß, dass ich deshalb ein besseres und reicheres Leben habe.«
>
> *Dweck 2017, 300f.*

Der Dirigent ist ein smarter Chef

In Kapitel 2 haben wir die Neufindung der Marketingrolle angesprochen. Die Digitalisierung wurde durch die Covid-19-Pandemie zur Chefsache (siehe S. 22). Die Konsequenz: Das Marketing büßt immer mehr seine Vorreiterposition als Kommunikations- und Innovationstreiber ein. KI-Tools ebnen den Weg, um diese Rolle neu zu finden. Smartes Marketing nutzt die KI, um maßgeschneiderte Erlebnisse für ihre Kunden zu schaffen und Marketing-Analysetechniken zu erfinden laufend potenzielle Kunden anzusprechen und Hand in Hand mit dem Vertrieb neue Kunden zu gewinnen. Wäre das nicht ein gangbarer Weg?

Je besser und stetiger dies gelingt, desto höher steigt auch der digitale Reifegrad im Unternehmen. Dieser basiert immer weniger auf der individuellen Intuition einzelner Entscheider im Mittelstand. Vielerorts hatten gerade Marketing-Führungskräfte und -Mitarbeiter aufgrund ihrer Berufs- und Hierarchieerfahrung (fast) immer recht. Diese Intuition soll an dieser Stelle gar nicht infrage gestellt werden. Ganz im Gegenteil ist eine gehörige Portion Intuition und Menschenkenntnis ein wichtiger Aspekt. Doch Recht zu haben, nur wegen der Betriebszugehörigkeit oder der Hierarchiestufe, gehört sicherlich nicht mehr dazu.

Mit dem Anflug an mathematischen Formeln und Algorithmen erhält die Realität jedoch eine neue Form der Rationalität. Angesichts dessen werden KI-unterstützte Marketingkampagnen in Zukunft noch wichtiger werden. Die Kunden erwarten von den Unternehmen, dass sie ihre Bedürfnisse und Erwartungen tiefgreifend verstehen. Sie sind auch bereit, dafür Ihre Daten mitzuteilen, wenn die Gegenleistung stimmt. Die Rolle wird gestärkt durch ein Selbstbewusstsein, das sich aus der Bewältigung des Veränderungsdruckes und der Entwicklung hin zum Dirigenten ergibt.

Der Marketer der Zukunft wird zum Dirigenten seines analog-digitalen Kommunikationsorchesters.

Der Dirigent vereint die beiden Welten in den Vertriebsabteilungen. Die »analogen«, eloquenten, kompetenten und kommunikations- und sozial starken Verkaufsprofis treffen auf digitale Tools, die potenzielle Kunden im Internet aufstöbern und deren Customer Journey analysieren (vgl. Schöning/Reupert 2021). Für deren Einsatz sehen sich in der Praxis häufig nicht die Vertriebsmitarbeiter als die zentralen Treiber. Die Triebfeder ist das Marketing, das die Tools entlang der Customer Journey organisiert und die Daten für den Vertrieb sammelt und auswertet. Die dafür notwendigen digitalen Werkzeuge erfordern neue Kompetenzen.

Autoren-Podcast

Digital Leadership

Marketingleiter im Mittelstand

https://t1p.de/dgih

Für das digitale Marketing wird eine Intelligenzstelle benötigt, die in der Lage ist, KI-Prozesse zu identifizieren, zu beschreiben und zu optimieren. Der Marketingleiter ist qua Funktion diese Intelligenzleitstelle und integriert beide Rollen zu einem erfolgreichen Orchester.

Endlich smarte Abläufe und agile Teams

1. Prozesse: Finden Sie das passende KI-Tool für Ihren (Wunsch-)Prozess

Einer der typischen Versäumnisse in der Arbeit mit neuen Technologien und KI-Tools ist der Glaube, dass der Algorithmus in der Technologie den Arbeitsablauf verbessern wird. Nehmen wir die Organisation eines E-Mail-Newsletters. Das Datenmanagement und die redaktionelle Arbeit für einen Kunden-Newsletter bedarf bestimmter Einzelschritte. Den Use Case skizzieren wir ausführlicher in Kapitel 4. Ein Newsletter-Tool gibt für diese Anwendung den Prozess vor. Nicht der Anwender bestimmt den Ablauf, sondern das Tool, und das sieht so aus: In einem ersten Schritt ist eine Adressliste zu erstellen, die nach aktuellen datenschutzrechtlichen Vorgaben aufbereitet und gesichert werden muss (Stichwort: Double-Opt-in). Für den zweiten Schritt schlägt der Tool-Algorithmus eine Vorlage für den redaktionellen Prozess vor. In dieser Vorlage legt der Nutzer das visuelle Design und die Informationsstruktur fest. In einem dritten Schritt wird der Nutzer an die Versandvorbereitung herangeführt. Adressdaten, Vorlage und Inhalte werden zusammengeführt und für den Versand vorbereitet.

Der Algorithmus definiert den Arbeitsprozess und die einzelnen Arbeitsschritte, die von einem Mitarbeiter bearbeitet werden müssen. Für aufeinanderfolgende hoch standardisierte Arbeitsschritte gibt es auch zahlreiche Tools, die die Softwareentwickler entsprechend im Algorithmus hinterlegt haben. Die Marketingpraxis lebt allerdings auch von zahlreichen nicht standardisierten Arbeitsabläufen. Manchmal wirken sie chaotisch, weil plötzlich eine Werbekampagne umgesetzt werden muss. Fakt ist: Sie sind oft nicht standardisiert und damit auch nicht automatisierbar. Häufig sind es aber Teilschritte von Arbeitsabläufen, die sich wiederholen. Dazu zählen: Bildbearbeitung für Homepages, Produzieren eines Podcasts, Initiative einer Google-Adword-Kampagne, Übersetzen von Texten, Conversion-Erhöhung im Shop, Einsatz von Werbebotschaften in den Kommunikationsmedien und Produzieren von Katalogen und Informationsmedien, um nur einige zu nennen.

Bei diesen Arbeitsabläufen handelt es sich teilweise um *kleinteilige Arbeitsschritte* (Bildbearbeitung). Damit auch die kleinen KI-Tools produktiv eingesetzt werden können, teilen Sie sich einen komplexen Prozess auf kleinere Arbeitsschritte auf. Sie können vice versa eine Anzahl kleinerer Arbeitsschritte auflisten und sie zu einem übergeordneten Arbeitsprozess zusammenfassen. Mithilfe folgender Checkliste qualifizieren Sie Ihre Arbeitsschritte für die Optimierung und Automatisierung.

Schritt 1: Starten Sie zunächst analog

Rufen Sie zweimal im Jahr ein *Marketing-Wunschkonzert* aus – idealerweise in einer physisch realen Situation. Marketingleitung und Team formulieren in lockerer Atmosphäre gemeinsam die Arbeitsprozesse für die nahe Zukunft. Wie können wir schlanker arbeiten? Wer benötigt welche Information von welchem Kollegen zu welchem Zeitpunkt? Wie können die Arbeitsabläufe organisiert werden, um Produktivität, Zuverlässigkeit und Kollaboration zwischen allen Mitarbeitern weiter zu optimieren? Zeichnen Sie Ihre Abläufe auf ein Flipchart und lassen Sie dieses im Besprechungsraum hängen, damit es immer wieder ergänzt und inhaltlich verbessert werden kann.

Schritt 2: Fahren Sie anschließend digital fort

Die Potenziale digitaler Kommunikation zwischen Daten, Apps und Geräten benötigen nachvollziehbar dokumentierte Arbeitsabläufe. Nutzen Sie ein Visualisierungstool (zum Beispiel Wondershare EdrawMax). Ergänzen Sie Ihre analogen Abläufe und markieren Sie die Prozessschritte, die ein KI-Tool übernehmen könnte. An welchen Arbeitsschritten könnte das volle Potenzial die Arbeit erleichtern? Wie könnte ein reibungsloser Informations- und Datenfluss zwischen den Kollegen und damit zwischen Systemen und Applikationen sichergestellt werden?

Schritt 3: Suchen Sie die passende Technologie und das passende KI-Tool

1. Welches Ergebnis (Output) liefert dieser Arbeitsschritt?
2. Welche Daten/Informationen (Input) benötigt dieser Arbeitsschritt?
3. Lässt sich der Arbeitsschritt ggf. analog verbessern, verkürzen, optimieren?
4. Welche Tools gibt es, um diesen Einzelschritt zu optimieren und produktiver zu machen?
5. Lässt sich der Schritt ggf. automatisieren?

Mit diesen drei Schritten identifizieren Sie das passende KI-Tool und bewahren sich vor unnützen Investitionen und aufwendigen Einarbeitungszeiten. Sobald Sie ausgewählte Arbeitsprozesse mit dieser Methode optimiert haben, können Sie in komplexeren Prozessen denken und mit einem übergeordneten Blick arbeiten. Hierfür sind andere Lösungen hilfreich, die zunächst nicht den operativen Alltag erleichtern. Es handelt sich erfahrungsgemäß um API-Management-Plattformen, die die jeweiligen Prozessschritte technisch miteinander verbinden und komplexe Prozesse optimieren und automatisieren können.

2. Personal: Mitarbeiter gewinnen und entwickeln

Für ein smartes Marketing benötigen Sie ein smartes Team. Ein smartes Team stellt irgendwann nicht mehr die Frage nach dem Einsatz von Technologien und KI-Tools. Es setzt KI-Tools und Technologien in zahlreichen Arbeitsschritten ganz selbstverständlich ein.

Die erste Seite der Strukturen wird durch die individuellen *Fähigkeiten der Mitarbeiter und digitalen Kompetenzen des Marketingteams* beschrieben. Ein Unternehmen hat strategisch immer die Wahl, benötigtes Personal einzukaufen oder vorhandenes Personal zu entwickeln. Hier fokussieren wir die *Gewinnung von neuen Mitarbeitern* für die smarte Marketingorganisation. Haben Sie bereits Talente gewinnen können? Dann sollten Sie besonderen Wert darauflegen, ihren neuen Mitarbeiter bei der Identifizierung und Entwicklung neuer Fähigkeiten zu helfen. Das bedeutet, individuelle Karrierewege zu kennen und diese im Team zu fördern, damit er das Gefühl bekommt, seine Karriere selbst in der Hand zu haben. Was müssen Sie zu diesen Karrierewegen wissen? Müssen Sie jetzt viele junge »Digital Natives« einstellen in der Erwartung, dass sie die notwendigen Kompetenzen und Fähigkeiten mitbringen?

Die künftigen jungen Mitarbeiter werden in Zukunft mit Künstlicher Intelligenz zusammenarbeiten.

Der Arbeits- und Organisationswissenschaftler Neufeind (2021) spricht im Magazin GQ von einer Generation KI und fordert: »Warum Unternehmen jetzt mit ihren jungen Mitarbeitern über Künstliche Intelligenz sprechen müssen.« In der Kolumne stellt er die junge Generation in den Mittelpunkt der aktuellen Personalpolitik vieler Unternehmen. Sie werden nach Ausbildung und Studium früher oder später mit Künstlicher Intelligenz zusammenarbeiten. Die Botschaft: Damit junge Menschen gewonnen und gehalten werden können, sollten Unternehmen jetzt anfangen, mit ihren Mitarbeitern über KI zu sprechen.

Meinung wird durch harte Zahlen gefestigt. Die Generation KI scheint verstanden zu haben: Künstliche Intelligenz macht Arbeitsbedingungen nicht automatisch besser. Es geht um die richtige Gestaltung! Dazu eine Studie des internationalen Cybersicherheitsunternehmens Kaspersky (2021), in der junge Deutsche zwischen 16 und 30 Jahren hinsichtlich ihrer Einstellungen zu Künstlicher Intelligenz befragt wurden. Die Ergebnisse zeigen eine positive und realistische Grundeinstellung der Generation KI. Die Mehrheit steht der Unterstützung durch Künstliche Intelligenz im beruflichen Kontext positiv gegenüber. Ein Drittel kann sich sogar vorstellen, eine intelligente Maschine als Vorgesetzten zu haben. Und die Mehrheit glaubt, dass spätestens 2040 KI fester Bestandteil des Arbeitsalltages sein wird. Dieser Zug ist hier noch lange nicht abgefahren. Ein heutiger Start in das smarte Marketing kann das Personal für die nächsten Jahre sichern.

3. Strukturen: Agilität vorantreiben

Die zweite Seite beschreibt die Agilität der Marketingorganisation. Es entstehen laufend neue digitale Kanäle und KI-Tools. Soziale Kanäle und Content-Marketing entwickelt sich durch die medialen Konsumgewohnheiten der Kunden. Smarte Marketingorganisationen passen sich an diese Bedingungen an – sie denken und handeln agil. Das bedeutet, Marketingaktivitäten verlaufen dynamisch und die Abläufe bewegen sich entlang der Customer Journey. Agiles Marketing bedeutet am Ende eine schnelle, flexible und projektorientierte Arbeitsweise (vgl. Lembke/Soyez 2021).

Agiles Arbeiten geht in der aktuellen Diskussion auf agile Projektmanagementmethoden in der Softwareentwicklung zurück. Daher gibt es keine einheitlichen Empfehlungen für agile Organisationsstrukturen. Grundlage ist eine individuelle und effektive Organisationsstruktur. Bezugspunkt sollten die Bedürfnisse und das Kommunikationsverhalten der Kunden sein. Dies erfordert von der Leitung und ihrem Team den Willen zu mehr Produktivität, Einfachheit in den Abläufen und individuelle Changefähigkeiten.

Diese Aufgaben stellen Mitarbeiter vor Herausforderungen und Führungskräfte vor eine echte Managementaufgabe. Es bedarf an Kompetenzen und Fähigkeiten, die im nächsten Abschnitt ausführlicher dargestellt werden.

Machen Sie Ihr Marketingteam digital fit

Ein Blick in die herrschende KI-Literatur kann auf den ersten Blick jeden abschrecken, der nicht aus den Informatik- oder Ingenieurwissenschaften kommt. Paaß/Hecker (2021) zum Beispiel bringen in ihrem Buch »Künstliche Intelligenz« gleich ein neues Berufsbild ein, den »Data Scientist« (siehe Abbildung 62), der mit einem ganzen Bündel an mathematischstatistischen Kenntnissen und ingenieurwissenschaftlichen Kompetenzen ausgestattet das Datenmanagement in großen Unternehmen managen soll.

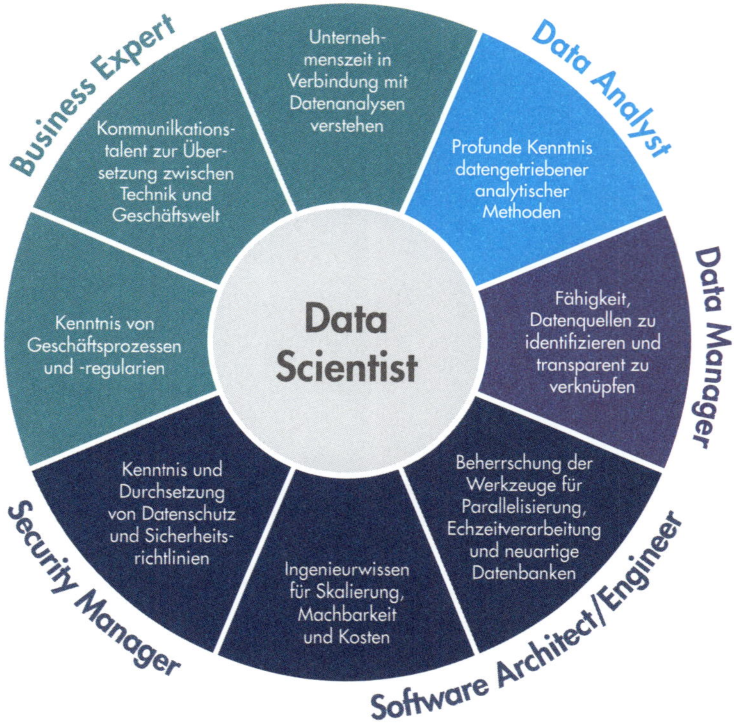

Abbildung 62: Berufsbild »Data Scientist«. Quelle: Paaß/Hecker (2021)

Paaß und Hecker fassen die genannten Felder unter der Rolle des »Businessexperten« zusammen und sprechen damit primär die Führungskraft an. Der Businessexperte benötigt vier notwendige Bedingungen.

VIER KOMPETENZEN FÜR MARKETINGLEITER

1. Kenntnis von Geschäftsprozessen und -regularien
2. Kommunikationstalent, Übersetzung zwischen Technik und Wirtschaft
3. Unternehmensziel in Verbindung mit Datenanalysen verstehen
4. Digitale Kompetenzen von Mitarbeitern fördern, und unterstützen

Diese vier Kompetenzfelder werden für Mitarbeiter im Zukunftsmarketing immer bedeutender. Sechs von zehn Unternehmen (63 %) sind überzeugt, dass in zehn Jahren die Fähigkeiten im Umgang mit Künstlicher Intelligenz ähnlich wichtig sind wie die heutigen Office-Kenntnisse. Das bestätigt der Branchenverband Bitkom Research mit seiner TCS-Studie (2021). Die Autoren stellen fest: Die wachsende Nachfrage nach diesen Kompetenzen wächst stetig.

Welche digitalen Kompetenzen müssen Mitarbeiter erwerben?

Ein mittelständisches Unternehmen wird die Investition in einen neuen »Data Scientist«-Arbeitsplatz scheuen. Dennoch können der Abbildung 62 einige der genannten Schlüsselkompetenzen und Kenntnisse für Marketingzwecke entnommen werden. Dazu gehören *analytisch-statistische Kenntnisse*, die Fähigkeit mit No-Code *individuelle Problemlösungen herbeizuführen*, tiefe und breite Kenntnisse für die *digitale Medienproduktion* sowie *Prozessdenken* für die digitalen Kommunikationen mit dem Team und den Kunden.

»Wer Daten nutzbringend einsetzen will, muss sie richtig verstehen lernen. Daher ist ein profundes Analyseverständnis für Prozesse eine wichtige Voraussetzung für den Erfolg von Datenanalyse und KI-Vorhaben.«

Alev Kuyas, Expertin für Datenanalyse und KI (bei: Bundesdruckerei GmbH)

Reflektieren wir die Aussage von Alev Kuyas in die gängige Praxis von Marketingteams. Für die meisten Marketingorganisationen ist der Einsatz eines »Data Scientist« unrealistisch. Entweder mangelt es an finanziellen Ressourcen, ist der Reifegrad zu niedrig, existieren zu wenige Daten oder der Drang nach einem datengetriebenen Marketing ist gering ausgeprägt. Für die existierenden Mitarbeiter wäre es ein großer Sprung weg von der Pflege der geliebten Exceltabelle hin zum Management und der Analyse von anonymen und großen Datenmengen im Gigabyte-Bereich. Das käme einer Arbeitsrevolution gleich. Die Anforderungen in den meisten Unternehmen liegen in der Optimierung und Erweiterung bestehender Datenbestände, aus Kontaktadressmanagement und in der Erstellung von Statistiken und Medienprodukten in Text, Bild, Video und Audio. Die Not ist mit knappen Ressourcen und Kompetenzen für das Medien- und Datenmanagement umfassend beschrieben. Ein Datenanalyst wird diese Not nicht lösen können.

Für Unternehmen mit geringen Marketingressourcen können diese Aufgaben von Mediengestaltern oder IT-Fachkräften ausgeführt werden. Notwendig ist die Beschreibung der neuen Aufgaben und der Zugang zu Weiterbildung und Mentoring. Ein »Learning-on-the-job-Ansatz« ist ein probater Zugang für die abteilungsinterne Personalentwicklung.

Verzichten Sie auf Trainingsprogramme. Die Wirkung von formalisierten Fachtrainings ist spätestens seit der Ebbinghaus-Vergessenskurve bekannt.

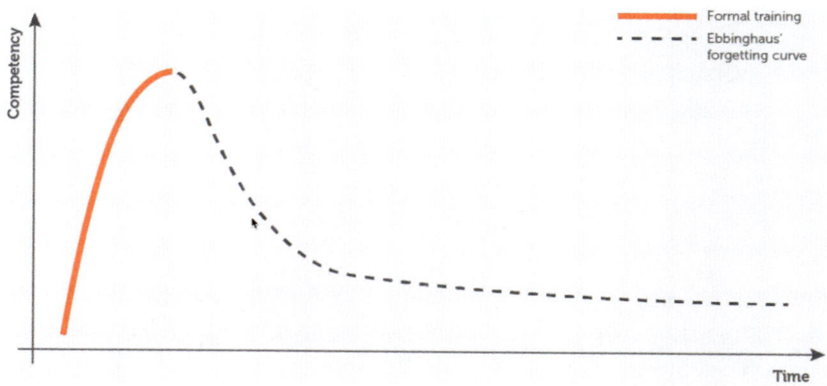

Vergessenskurve von Ebbinghaus. Quelle: Haider (2021)

Formale Ausbildungskonzepte wie Präsenzschulungen und Onlinekurse vermitteln zwar umfangreiches Wissen, wodurch die Lernkurve zu Beginn enorm ansteigt. Doch wenn die Anwendungsfälle fehlen (wenn zum Beispiel das KI-Tool erst später nach der Schulung angeschafft wird), haben Mitarbeiter das Gelernte längst wieder vergessen. Ihnen fällt es dann schwer, ohne fremde Hilfe mit dem neuen KI-Tool zu arbeiten.

Schaffen Sie das KI-Tool mit einer Probelizenz an und geben Sie Mitarbeitern Raum und Zeit, es auszuprobieren. Fordern sie Handlungskompetenz und fördern sie den Einsatz. Durch das Ermöglichen von ersten, kleinen KI-Projekten können sich Mitarbeiter und Kollegen an den KI-Tools versuchen und diese in ihren Marketingabläufen einsetzen. Daraus entwickeln sich wichtige Anwendungserfahrungen aus der Praxis für die Praxis. Negative wie positive erhöhen den Erfahrungsschatz (»Was geht, was geht nicht?«) und die digitale Fitness Ihrer Marketingorganisation. Die individuellen digitalen Kompetenzen werden es Mitarbeitern erleichtern, künftige Projekte und Aufgaben offener und effektiver anzugehen.

Was können Unternehmen und Marketingleitungen noch tun? Ihnen stehen personalstrategische Methoden zur Verfügung. Erstens können Sie neues Personal rekrutieren, um der Transformation weiteren Schwung zu verleihen. Zweitens können Sie die Fähigkeiten existierender Mitarbeiter weiterentwickeln, intern wie extern. Betrachten wir jetzt im nächsten Abschnitt, welche Fähigkeiten für die Personalentwicklung wichtig sind.

Kompetenzen für die Personalentwicklung

Damit wir Ihnen die Entscheidung erleichtern können, ziehen wir folglich aus allen 50 Use Cases aus Kapitel 4 die operativen Fähigkeiten heraus und clustern sie in sieben Kompetenzfelder. Das zusammenfassende Ergebnis überrascht nicht: Es bedarf hauptsächlich grundlegender *Digitalfähigkeiten* einhergehend mit einer Affinität für digitale Prozesse und der Automatisierung sowie der Professionalisierung im Umgang mit digitalen Medien.

Mitarbeiter, die sich nicht eine digitalorientierte Denkweise aneignen, werden wenig für die Erhöhung des digitalen Reifegrades beitragen können.

Operative Tätigkeiten für ein smartes KI-Marketing

Kompetenzfeld A – Workflows: Allgemeine Marketingprozesse in Teilschritte zerlegen, Konzeption und Umsetzung von Verkaufs- und Marketingtrichtern, Konzeption und Gestaltung von Ablaufdiagrammen und automatisierten Prozessen (Workflowmanagement)

Kompetenzfeld B – Kundendaten: Planung, Konzeption, Umsetzung zur Datenqualifizierung, Organisation von Zielgruppen- und Kontaktsegmenten, Verständnis von Datenstrukturen, Erfahrungen mit der Organisation von Kundenanfragen (zum Beispiel Ticketsystem u.a.), Erfahrungen im Outbound-Marketing (Telefonmarketing)

Kompetenzfeld C – Psychologie: Beherrschung und Anwendung von Zielgruppenmethoden, vertiefte Kenntnisse der Persona-Methodiken, Kenntnisse der herrschenden Persönlichkeitsprofile (zum Beispiel Ocean, DISG u.a.), Überzeugungspsychologie

Kompetenzfeld D – Dateimanagement: Anwendungskenntnisse (Adressmanagement, Aufbau von Filesystemen, CSV-Transfers, Datenkonvertierungen), sicherer Umgang mit Tabellenformaten (zum Beispiel Airtable, Google-Tabellen u.ä.), CRM-Grundlagenkenntnisse (v.a. Datenqualität optimieren), Management von Dateien (Asset-Management), Datenkonvertierungen schnell und sicher durchführen, diverse Datentypen kennen (strukturiert versus unstrukturiert), Kenntnis und Einsatz von Machine-Learning-Methoden, Grundkenntnisse in Massenspeichertechnologien, mathematisches Grundverständnis und Erfahrungen in der Interpretation von statisch aufbereiteten Daten

Kompetenzfeld F – Audio/Video/Foto: Sicherer Umgang mit allen Dateiformaten, sicheres Transferieren zwischen Anwendungen, Grundkenntnisse in Video- und Audioschnitt, Entwicklung von Storyboards, Kenntnisse der Bild- und Videobearbeitung (Konvertieren, Komprimieren, Größenanpassungen)

Kompetenzfeld G – Textkompetenz: Organisation von Corporate Content, Erstellen von Kommunikations- und Werbetexten für Print und Digital, Semantik mit Suchmaschinenoptimierung, Grundverständnis für Verschlagwortung (Semantik), Organisation von Online-Werbeanzeigen, Kenntnisse in Dialog- und Direktmarketing, Management von Transkriptionen

Kompetenzfeld H – Typografie und Layout: Grundkenntnisse zu Linienführung, User-Interface-Design, gute bis sehr gute Kenntnisse im Webdesign (HTML5, CSS, Javascript, SQL), Kenntnisse in den Gesetzen der guten Gestaltung, Anwendungswissen in Farbtypologien und -gestaltung, Grundlagenkenntnisse in der Wahrnehmungspsychologie

Die aufgezählten fachlichen, methodischen und handlungsorientierten Kompetenzen sind notwendig, aber nicht hinreichend, denn …

Soft Skills sind die neuen Hard Skills

Wir sind überzeugt, dass menschliche Kompetenzen mit sozial-personalen und sozial-kommunikativen Fähigkeiten in den Mittelpunkt der zukünftigen Generation KI rücken werden.

Generation K(I) – Je höher die Digitalisierung, umso mehr gewinnen kognitiv-soziale Kompetenzen an Bedeutung.

Geschäftsführer und Marketer fördern diese Kompetenzen bis heute kaum. Das ist eine sträfliche Vernachlässigung von menschlichen Ressourcen. Die Soft Skills ermöglichen es schließlich den Mitarbeitern aus eigener Kraft und mithilfe ihrer kognitiven Ressourcen, komplexe Aufgaben zu erfassen, zu strukturieren und im Team kollaborativ zu bearbeiten. Wir sprechen von kognitiven und sozialen Fähigkeiten, die auf den ersten Blick konträr zu den fachlichen und methodischen Kompetenzen stehen. Denn um aus einer Big-Data-Datenbank E-Mail-Adressen zu qualifizieren, sind keine Kommunikationsseminare nötig. Doch arbeitsteilige Aufgaben sind immer nur Teil von übergeordneten Problemlösungen. Diesen Blick zu schärfen, sollte Aufgabe für jede Geschäftsleitung und Führungskraft in jedem Unternehmen werden. Dazu gehören:

DIE NEUEN SOFT SKILLS FÜR SMARTES KI-MARKETING

1. **Lösung komplexer Probleme**
2. **Kritisches Denken**
3. **Perfekte Selbstorganisation**
4. **Analytisches Denken**
5. **Pioniergeist und Neugier.**

1. Erfolg entsteht in unserer Welt durch **komplexes Problemlösen**. Damit ist nicht die schnelle Vereinfachung gemeint. Es ist die Fähigkeit, die relevantesten Informationen so schnell wie möglich zu identifizieren,

um das Problem fokussiert beschreiben zu können. Es ist die Voraussetzung, um neue Lösungsalternativen zu erarbeiten. Diese Fähigkeiten sind kognitive Tätigkeiten. Die Teamarbeit erfordert sozial-kommunikative und emotionale Fähigkeiten. Sie sind notwendig, um mit Unstimmigkeiten über die Auswahl der relevanten Informationen umzugehen und alternative Lösungsalternativen zu formulieren.

2. Das **kritische Denken** ist für die Implementierung und effektive Nutzung moderner Technologien wichtig. Es erfordert ein Denken jenseits der vertrauten Routinen und Lösungen. Die Identifizierung von alternativen Lösungsansätzen benötigt ein logisches und strukturiertes Vorgehen sowie ein kritisches Hinterfragen über Chancen und Risiken von KI-Tools. Dies gilt für das selbsttätige Hinterfragen von Prozessen in der Marketingorganisation.

KI-Tools erfordern ausgeprägte menschliche Kompetenzen, um erstklassige Ergebnisse zu erzielen.

3. **Selbstorganisation** umschreibt die Fähigkeiten, selbst Pläne und Ziele für das Marketing zu setzen, um Ideen, Kampagnen und die Integration von KI-Tools voranzutreiben. Die oben angesprochene Beherrschung von Emotionen ist hervorzuheben. Gerade in agilen Organisationen ist die Identifikation und Einordnung aufkommender und sich wiederholender Impulse in die Arbeitsziele erfolgsfördernd. In stressigen Situationen ist dies sicher nicht immer einfach zu praktizieren. Daher sind Fähigkeiten des achtsamen Umgangs mit sich selbst, den Kollegen und den Kunden eine dringende Notwendigkeit. Gelassenheit durch Achtsamkeitsübungen unterstützt die Entwicklung personaler Einstellungen. Sie stellt eine notwendige Bedingung für die Anforderungen in der Marketingorganisation.

4. **Analytische Fähigkeiten:** Weil Daten für Kundenstrategien, Kampagnen und das digitale Kommunikationsgeschäft immer wichtiger werden, sind analytische Fähigkeiten mehr denn je gefragt. Sie befähigen den

Mitarbeiter, Informationen zu sammeln und zu analysieren, Problemlösungsalternativen zu formulieren und Entscheidungen zu treffen, um mindestens eine Entscheidungsvorlage vorzubereiten. Der Intuition eines überaus kreativ denkenden Marketers täte eine ebenso große Portion Objektivität für das Gleichgewicht gut.

5. **Pioniergeist und Neugierde fördern:** Kein Thema in der Wirtschaft weckte in der Vergangenheit in so kurzer Zeit den Pioniergeist von Menschen wie die Künstliche Intelligenz. Carol Dweck liefert im Abschnitt »Entwickeln Sie eine Denkweise für smartes KI-Marketing« Impulse, wie ein Mensch seine persönliche Einstellung mit Blick auf neue Themen erarbeiten kann. Im Ergebnis sind Mitarbeiter in die Lage zu versetzen, selbstorganisiert eine intrinsische Motivation aufzubauen. In einer aktuellen Umfrage gaben mehr als die Hälfte der befragten Mitarbeiter an, noch nicht einmal »ein bisschen« Motivation, Leidenschaft oder Begeisterung für ihre Arbeit zu empfinden (Blount/Leinwand 2020). Fördernde Grundlagen für Pioniergeist und Neugierde schaffen die Vorbildfunktion der Marketingleitung und die Fehlerkultur des Unternehmens. Wenn die Lust auf Neues als Wert im Unternehmen kommuniziert wird und wenn Fehler von Mitarbeitern belohnt werden, besteht eine Chance, dass mehr Mitarbeiter für neue Aufgaben begeistert werden können.

Autoren-Podcast

Wie aus Mitarbeitern Innovatoren werden

https://t1p.de/6a75

6. TIPPS UND RESSOURCEN – ERFOLGREICH KI-TOOLS EINFÜHREN

Beginnen Sie mit einem Use Case

Jeder kann mit Künstlicher Intelligenz arbeiten. Ob es schnell und nachhaltig gelingt, hängt vom digitalen Reifegrad und den individuellen Kompetenzen und Fähigkeiten ab. Eigene Erfahrungen aus der Marketingpraxis zeigen, dass der *Dominoeffekt* gerade für Unternehmen mit niedrigem Reifegrad der beste Start in die KI-Tool-Welt ermöglicht. Das Marketingteam startet zunächst mit einem Use Case, probiert und lernt daraus. Anschließend startet es mit einem zweiten Use Case, experimentiert, lernt wieder, und so weiter. Je mehr Lernmomente, umso steiler die Lernkurve, desto schneller wächst der digitale Reifegrad.

Dominoeffekt: Beginnen Sie mit einem Use Case und einem KI-Tool. Der erste Stein startet Ihre Lernkurve und Kompetenz.

Rufen wir uns kurz die in der Praxis am häufigsten anzutreffenden Reifegrade in Erinnerung, um schnell in Richtung *Nachhaltigkeit zu schwenken.*

Zur Erinnerung: Der Reifegrad determiniert die Vorgehensweise für den produktiven Einsatz relevanter KI-Tools. Das Vorgehen richtet sich nach dem Entscheidungskriterium aus den ersten drei Reifegraden (siehe Abbildung 63).

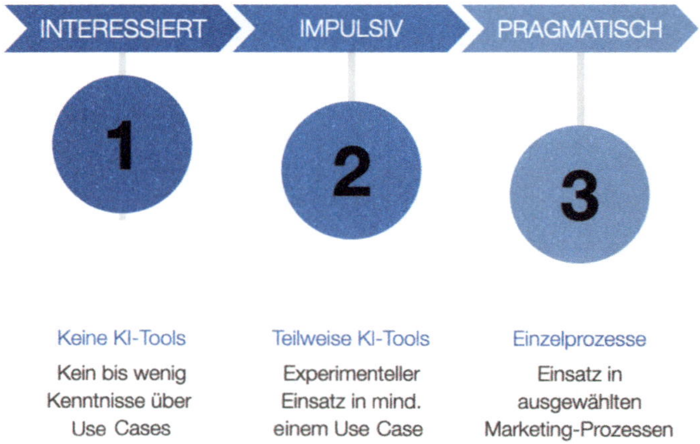

Abbildung 63: Der Dominoeffekt erhöht die digitalen Kompetenzen von Mitarbeitern.
Quelle: Eigene

- **Reifegrad 1 »Interessiert«:** KI-Tools sind keine im Einsatz, aber grundsätzliches Interesse besteht.
- **Reifegrad 2 »Impulsiv«:** Erste experimentelle Erfahrungen mit KI-Tools wurden gemacht.
- **Reifegrad 3 »Pragmatisch«:** Mindestens ein KI-Tool zur Automatisierung ist im Einsatz.

Nehmen wir an, das Marketing möchte von Reifegrad 1 auf Reifegrad 2 wachsen.

Mit welchem Use Case sollten Sie starten?

Wir arbeiten mit einem standardisierten Vorgehen, mit dem jedes Marketingteam in einem ersten Schritt und ohne technische Kenntnisse seinen ersten Use Case auswählen kann. Anschließend formuliert es die KI-Tool-Strategie, um diese schließlich zu projektieren und nachhaltig in der Marketingorganisation umzusetzen.

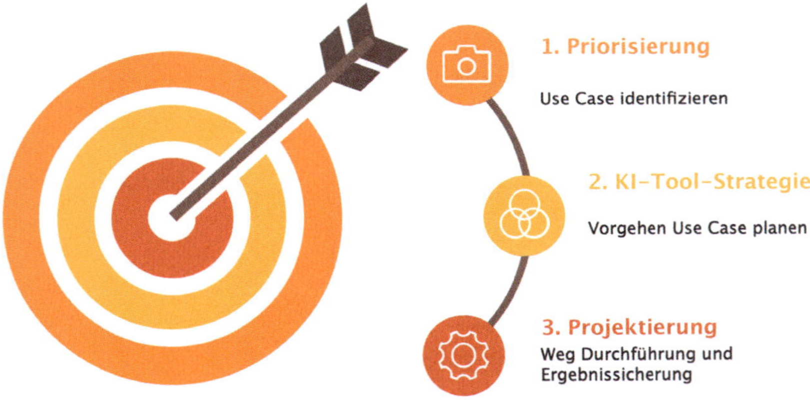

Abbildung 64: Fahrplan – Das richtige KI-Tool am richtigen Ort. Quelle: Eigene

Im Folgenden werden diese drei Ringe aus Abbildung 64, nämlich *(1) Priorisierung, (2) Strategie* und *(3) Projektierung* ausgeführt. Dabei legen wir einen Schwerpunkt auf die KI-Tool-Strategie und dem Vorgang, den Use Case zu planen.

Schritt 1 – Priorisierung: Wie finde ich den idealen Use Case für mein Marketing?

Der relevante Use Case kann sowohl in Form eines Experimentes oder konkret für einen bestimmten Marketingprozess mit hohem Leidensdruck ausgewählt werden. Wichtig: Die Umsetzung muss realistisch und handhabbar sein. In Kapitel 4 finden Sie Beispiele von Use Cases. Vielleicht ist hier schon ein passender für Sie dabei? Alternativ identifizieren Sie für sich individuell zwei Aktivitäten:

Auf der Suche nach Ihrem Use Case betrachten Sie in einem ersten Schritt die wichtigsten Aufgaben in Ihrem Marketing, die einen hohen Beitrag für die Wertschöpfung ihrer Abteilung und des Unternehmens leisten oder einen hohen Leidensdruck im Alltag erzeugen.

In einem zweiten Schritt priorisieren Sie die Use Cases mit der ABC-Analyse. Ein Beispiel: Die Organisation von B2B-Messen gehört für viele industrielle Unternehmen zur wichtigsten Aufgabe im Marketing. Identifizieren Sie Arbeitsabläufe, die mit einem KI-Tool optimiert oder automatisiert werden können. Wie wäre es mit einem regelmäßigen, virtuellen Austausch mit Ihren Kunden über ein KI-Portal inklusive einem automatisierten Mitgliedermanagement?

Sammeln Sie weitere Anwendungsfelder mit Wertschöpfung und gewichten Sie die Ideen: A = Umsetzung sofort, B = Umsetzung binnen vier Wochen, C = Umsetzung binnen eines Quartals.

Ein Use Case besteht aus Prozessen mit einem hohen Beitrag zur Wertschöpfung. Welche Tools sind bereits im Einsatz? Erhöhen Sie die Produktivität? Welche weiteren KI-Tools können den Prozess automatisieren?

Schritt 2 – Strategie: Wie finde ich die individuelle KI-Tool-Strategie?

Es gibt KI-Tools, die keine Strategiearbeit benötigen. Ein kostengünstiges Tool, mit dem Sie etwa einmal im Monat ein Bild freistellen, benötigt keine langwierigen und strategischen Entscheidungen. Wir betrachten dies als ersten Schritt in die KI-Tool-Welt und befürworten diesen ausdrücklich. Doch sobald weitere Tools hinzukommen, sollten diese aufeinander abgestimmt sein. Andernfalls droht die Gefahr, dass die Werkzeugkiste immer voller wird und das Marketingteam keinen Überblick mehr über die Werkzeuge besitzt. Spätestens dann wird es wichtig, eine individuelle Strategie zu erarbeiten. Nutzen Sie Kapitel 3 als Entscheidungshilfe für die meisten individuellen KI-Tool-Strategien. Es sind nur noch wenige Schritte für die erfolgreiche Umsetzung. Die Projektierung und Umsetzung der knappen Ressourcen können Sie anschließend effektiv organisieren.

Die konkrete Strategieformulierung nutzt die Use Cases aus dem obigen Abschnitt und gliedert diese mit Blick auf eine realistische Umsetzung in fünf Handlungsschritte.

1. **Zielauswahl und Zielkonkretisierung:** Wo wollen wir mit dem Marketing und dem Unternehmen in den nächsten zwölf Monaten hin? Was soll in zwölf Monaten anders sein, als es heute ist (siehe Kapitel 3)? Wo sind die Hebel für mehr Intelligenz und Produktivität?
2. Identifikation und **Formulierung relevanter Use Cases**, die zu diesen Zielen passen (siehe Kapitel 4).
3. **Identifikation relevanter Ist-Arbeitsprozesse**, die bereits zu diesen Zielen oder Teilzielen beitragen.
4. **Eingrenzung der Arbeitsprozesse** und Beschreibung eines neuen Soll-Kernprozesses. Dieser kann Bestandteile des Ist-Sollprozesses beinhalten, sollte aber auch neue Bestandteile berücksichtigen für mögliche Automatisierungen.
5. **Zusammenführung** aller Informationen in einer abschließenden Konzeption.

MERKE:

Die Auswahl eines KI-Tools beginnt unmittelbar nach der strategischen Konzeption, also gegen Ende dieser fünf Arbeitsschritte. In der Praxis ist vielfach das Gegenteil zu beobachten: Erst wird das KI-Tool besorgt, und im Anschluss prüfen die Mitarbeiter, wofür sie es einsetzen können. Das Tool wird anschließend über die IST-Arbeitsabläufe gestülpt. Das Ergebnis: Der Algorithmus des Tools bestimmt den Arbeitsprozess und nicht umgekehrt.

Sollte es sich bei Ihrer Marketingabteilung nicht um diesen ganzheitlichen Restrukturierungsprozess handeln oder das Ziel das Erreichen des höchstmöglichen Reifegrades sein, empfehlen wir Ihnen diese Vorgehensweise. Sie kaufen sich vermutlich keinen Dress in zwei Konfektionsgrößen kleiner, nur weil es schick ist, oder? Andersherum könnten Sie größere Freude an einem neuen Dress haben, wenn ein Schneider Ihnen die Körpermaße bemisst und ihn maßschneidert. Das erfordert zunächst eine höhere Investition. Die Wirkung lebt nachhaltiger.

Ihre Prozesse sollten die Auswahl eines Tools entscheiden, nicht die verführerischen Funktionen.

Im praktischen Marketingalltag taucht noch eine weitere wichtige Frage auf. Welche Anzahl an KI-Tools benötige ich für mehr Produktivität? Damit lenken wir den Blick auf das Verhältnis von digitalen zu analogen Prozessen. Eines vorweg: Nicht jeder Prozess muss im Unternehmen digitalisiert sein. In Marketingorganisationen mit einem geringen Reifegrad ist eine sofortige und umfassende Digitalisierung nicht anzuraten und auch nicht zielführend. Nutzen wir ein Beispiel aus dem B2B-Vertrieb. Verkäufer und Einkäufer begegnen sich in der Regel persönlich und pflegen die persönliche Kommunikation zusätzlich über die Distanz. Warum sollte dieser Prozess komplett automatisiert werden, wenn der Aufwand über dem Nutzen liegt?

Eine Entscheidungshilfe zur Beantwortung dieser Frage liefert die folgende Abbildung 65. Ihr entnehmen Sie ein Verhältnis zwischen analogen und digitalen Aktivitäten in der Transformation. In vier Quadranten haben wir den Umfang der Technisierung in Abhängigkeit zur Wertschöpfung gesetzt. Als zweite Information gewinnen Sie eine Entscheidungshilfe zum Umfang Ihres Use Cases.

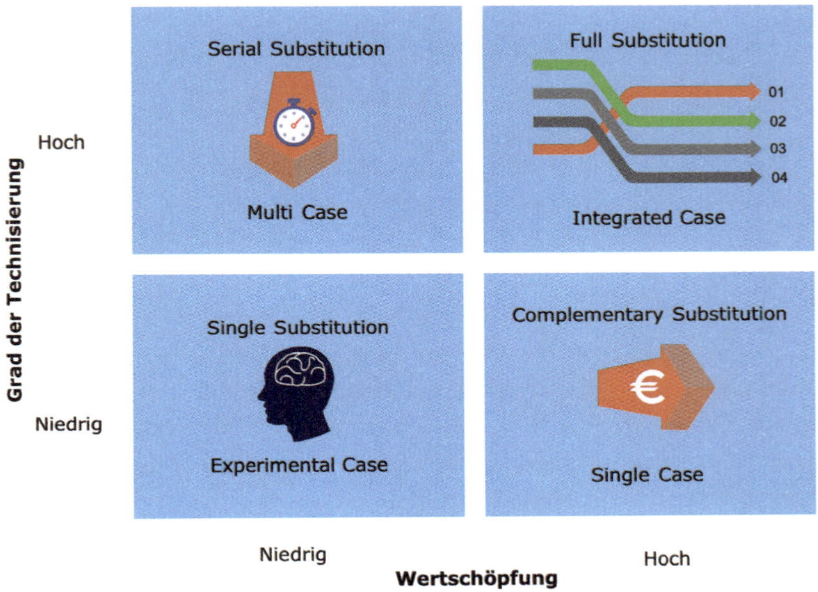

Abbildung 65: Vier Strategien für die erfolgreiche Einführung von KI-Tools. Quelle: Eigene

Die Abbildung 65 zeigt vier strategische Entscheidungsfelder. Sie berücksichtigen die unterschiedlichen Realitäten aus analogen und digitalen Prozessen. Es werden die beiden Variablen »Grad der Technisierung« (= Reifegrad) und »Wertschöpfung« (= Ziel) in ein Verhältnis gesetzt. Daraus ergeben sich vier strategische Optionen mit unterschiedlichen Empfehlungen. Grundsätzlich gilt: *Je analoger meine Marketingprozesse sind, desto weniger Use Cases sollte ich zu Beginn bearbeiten* (Strategie Complementary Substitution). Oder: *Je höher meine Marketingprozesse die Wertschöpfung treiben und je höher der technische Reifegrad ist, umso mehr Use Cases können wir automatisieren und optimieren* (Strategie Full Substitution).

STRATEGIEN FÜR DEN KICK-OFF

1. Strategie Serial Substitution => Multi Case
2. Strategie Full Substitution => Integrated Case
3. Strategie Complementary Substitution => Single Case
4. Strategie Single Substitution => Experimental Case

In Quadrant 1 »Serial Substitution« bearbeiten Sie mehrere Use Cases (Multi Cases) und setzen dafür gezielt mehrere KI-Tools ein. Diese unterstützen einen einzelnen Prozess oder sequenziell aufeinander folgende Prozesse. In diesem Handlungsfeld »Serial Substitution« werden Prozessschritte zeitlich aufeinanderfolgend durch KI-Tools unterstützt. Dieses Handlungsfeld empfehlen wir für lineare und vertikale Prozesse.

Beispiel:

Die Redaktion, Erstellung und der Versand eines E-Mail-Newsletters sind ein vertikaler Prozess, der in der Regel von einem Mitarbeiter linear und in Abfolge einzelner Arbeitsschritte bearbeitet wird mit dem Ergebnis: Kunden bekommen stets die neuen Informationen. Hierbei kommen eine Reihe von KI-Use Cases zum Einsatz wie Grammatik und Rechtschreibprüfung, E-Mail-Text-Generierung oder KI-gestützte Bildbearbeitung.

Das Handlungsfeld im zweiten Quadranten »Full Substitution« beschreibt nicht nur einzelne KI-Tools, die in einem ausgewählten vertikalen Prozess eingesetzt werden. Hier werden mehrere Use Cases (Integrated Cases) mit vertikalen und horizontalen Prozessen bearbeitet und über eine technische Plattform (mit technischen Kommunikationsschnittstellen) verbunden. Der hohe Grad an Technisierung führt zur »Full Substitution« eines komplexeren Arbeitsumfeldes.

Beispiel:

Die Firmenhomepage wird mit dem hauseigenen CRM- und Fakturierungs-System verbunden. Daten werden zwischen den Systemen untereinander ausgetauscht, sodass die Daten für mehrere Anwendungen sofort zur Nutzung bereitstehen. Die auf der Webseite erhaltenen Leads werden mit einem KI-Tool automatisch mit vorhandenen Daten angereichert. Daraus entstehen genaue Kundenprofile, die für die weitere Marketingkommunikation gezielter angesprochen werden können.

Die Strategie in Quadrant 3 »Complementary Substitution« bezieht sich auf einen einzelnen Use Case (Single Case). Diese Strategie eignet sich sowohl für niedrige Reifegrade der Organisation als auch für analoge Arbeitsprozesse, die nicht automatisiert werden müssen. Der analoge Arbeitsprozess dominiert und kann mit wenigen KI-Tools angereichert (komplementiert) werden.

Beispiel:

Vertriebsmitarbeiter eines Maschinenbauunternehmens werden mit einem mobilen CRM-System unterstützt, um Informationen vor und nach Kundenbesuchen unmittelbar per Sprache zu erfassen. Der Innendienst kann sofort auf die Arbeitsergebnisse des Außendienstes zugreifen und den Kundenkontakt professionell weiterbearbeiten.

Die »Single-Substitution-Strategie« in Quadrant 4 passt für Marketingorganisationen mit einem geringen Reifegrad der Organisation. Die Prozesse sind vollständig analog organisiert. Sie möchten aber einen ausgewählten Prozess und Arbeitsschritt optimieren. Dann nutzen Sie einen einzelnen Use Case, den Sie als Experiment für den Einsatz mit einem KI-Tool nutzen (»Experimental Case«).

Beispiel:

Sie möchten an Ihre Kundenleads einen neuen Newsletter versenden. Die Adressen haben Sie bisher in einer Excel-Datei gesammelt und verwaltet. Mit einem KI-gestützten Newsletter-Tool importieren Sie die Adressen in ein KI-Newsletter-Tool. Mit diesem versenden Sie Ihren Newsletter und beobachten anschließend, welche Personen Ihren Newsletter geöffnet und welche Links sie darin angeklickt haben.

Schritt 3 – Projektierung: Der Action-Plan – Womit fange ich wie an?

Das sollte bis zu diesem Zeitpunkt klar sein: Das Ziel für das Marketing ist formuliert, der oder die Use Cases sind ausgewählt, KI-Tools werden recherchiert, gesichtet und für den Einsatz ausprobiert. Final projektieren Sie die Einführung und die Umsetzung des Prozesses mit dem Ziel der Automatisierung und Optimierung. Erstellen Sie eine Roadmap des Projektes. In Abbildung 66 sehen Sie das Beispiel »Action-Plan für die Erstellung und Professionalisierung der Texterstellung für den Unternehmensblog« mit dem Ziel, neue Kunden zu gewinnen. In dieser Roadmap ist ein Element des agilen Projektmanagements integriert. Die Rubrik »Ergebnisse« macht auf die »Retrospektive« aufmerksam. Die »Retro« ist das Werkzeug, mit dem aus den Umsetzungen gelernt werden sollte und die Lernkurve erhöht wird. Beides sind essenzielle Bausteine auf der Reise durch die digitale Transformation.

Die Vorlage hilft Ihnen, die oben erarbeiten Informationen zu konkretisieren und schließlich die Ressourcen zu projektieren. Für dieses Beispiel nutzen wir einen Klassiker aus dem digitalen Marketing, der heute mit KI-Tools einfach automatisiert und professionalisiert wird. Es sollten im Content-Marketing mehrere Blogartikel verfasst werden, um neue Kunden anzusprechen.

ROADMAP UND ACTION-PLAN

Priorisierung: Kundengewinnung

Arbeitsablauf: Texterstellung für Blog

SPRINT: 01

Zeit: KW 40–43

Team:

Edith (Agentur)
Heinrich (Mark., SEO)
Ewald (Mark., Texter)
Sandra (Scrum Master)
Michaela (P.-Owner)
Fenja (Leitung Abt.)

KUNDE BRAUCHT:

Authentische, vertrauensbildende Informationen zu Unternehmen, Personen und Produkten

TEAM BRAUCHT:
- 4 h Zeit pro Woche

LÖSUNGEN:

KI-GESTÜTZTE TEXTE
- Keyword-Recherche
- Texterstellung
- Optimierung Lesbarkeit und SEO-Sichtbarkeit

CHATBOT
- Verknüpfung mit Artikel

AUFGABEN:

- KI-Schreib-Tools vergleichen
- Keyword identifizieren
- Text-Story kreieren
- Publishing
- SEO optimieren

WANN/WER:

KW40 (M)
KW40/41 (F)
KW41 (E, H)
KW41/42(F)
KW43 (H)

ERGEBNISSE:

Schlüsselziele und -kennzahlen
- Zahl qualifizierter E-Mail-Adressen erster Monat: 30
- Neue Chatbot-Nutzer, Durchschnitt pro Monat: 10

Feedbacks nach Monat 1 (KW 44):
- Durchschnittliche Interaktionen pro Blogbesucher: 3 Klicks
- Brauchen mehr Use Cases und mehr Automatisierung bei SEO

Abbildung 66: Agile Roadmap und Action-Plan für einen Unternehmensblog. Quelle: Eigene

Damit die Aktivitäten auch wirtschaftlich abgebildet werden können, sehen Sie am Ende der Checkliste die Rubrik »Ergebnisse«. Hier empfehlen wir Ihnen, die Schlüsselziele mit 1–3 Kennzahlen zu versehen. Ebenso sollten Sie alle Roadmaps ausdrucken und auf eine Projekt-Metaplanwand oder an die Bürowand hängen. Dies erinnert Sie daran, nach erfolgter Laufzeit von einem Monat die Retrospektive für die Lernkurve durchzuführen. Holen Sie sich Feedback von Kollegen und Kunden, das sie auf die Aktivitäten von neuen oder bestehenden Kunden erhalten haben. Diese Methode wiederholen Sie alle vier Wochen solange, bis der Prozess und die Nutzung der KI-Tools sich mit dem Prozess deckt und die Arbeit nicht mehr signifikant verbessert werden kann. Lernen Sie von Ihren Aktivitäten und verbessern Sie diese in Intervallen immer wieder.

Die besten Bücher

Im Folgenden haben wir für Sie analoge und digitale Ressourcen ausgewählt, die Ihnen bei der Konzeption und Einführung von KI-Tools weiterhelfen können. Jede aufgeführte Ressource haben wir hinsichtlich der Zielgruppe des Buches auf Verständlichkeit, Praktikabilität und Praxistauglichkeit hin überprüft.

Bartneck, Christoph/Lütge, Christoph/Wagner, Alan R./Welsh, Sean:
Ethik in KI und Robotik
Medium: Buch
Zielgruppe: Entscheider, Studenten, Neugierige
Sprache: Deutsch
Kosten: Ja
Link: http://bit.ly/2sUooM4

Harari, Yuval Noah:
Homo Deus: Eine Geschichte von Morgen
Medium: Buch
Zielgruppe: Entscheider, Führungskräfte, Mitarbeiter Online-Marketing, Studierende der digitalen Medien und Marketing
Sprache: Deutsch
Kosten: Ja
Link: https://amzn.to/3bayg5x

Herzberger, Tomas/Jenny, Sandro:
Growth Hacking: Der Praxisratgeber für Durchstarter im Online-Marketing. Zweite Auflage, neue Hacks!
Medium: Buch
Zielgruppe: Mitarbeiter Online-Marketing, Studierende der digitalen Medien und Marketing
Sprache: Deutsch
Kosten: Ja
Link: https://amzn.to/3cotKSR

Kaplan, Jerry:
Künstliche Intelligenz: Eine Einführung
Medium: Buch
Zielgruppe: Studenten
Sprache: Deutsch
Kosten: Ja
Link: https://amzn.to/2NKkTos

Kotler, Philip/Hermawan, Kartajaya/Setiawan, Iwan:
Marketing 5.0: Technologie für die Menschheit
Medium: Kindle-E-Book, Buch
Zielgruppe: Geschäftsführer, Entscheider, Führungskräfte, Projektteams
Sprache: Deutsch
Kosten: Ja
Link: https://amz.run/540q

Lembke, Gerald/Soyez, Nadine:
Digitale Fitness für Führungskräfte: Praxiswissen, Skills und Checklisten für die neue hybride Arbeitswelt
Medium: Kindle-E-Book, Buch
Zielgruppe: Geschäftsführer, Entscheider, Führungskräfte aller Ebenen, agile Projektteams
Sprache: Deutsch
Kosten: Ja
Link: https://amz.run/5400

Löffler, Miriam/Michl, Irne:
Think Content! 2. Auflage des Online-Marketing-Standardwerks. Neue Content-Formate, neue Best Practices, neues Kapitel zur Content-Produktion
Medium: Buch
Zielgruppe: Mitarbeiter Online-Marketing, Studierende der digitalen Medien und Marketing
Sprache: Deutsch
Kosten: Ja
Link: https://amzn.to/3cnbLvU

Nilsson, Nils J.:
Artificial Intelligence: A New Synthesis
Medium: Buch
Zielgruppe: Entwickler, Entscheider, Studenten, Neugierige
Sprache: Englisch
Kosten: Ja
Link: https:// amzn.to/2E4YpUq

Otte, Ralf:
Künstliche Intelligenz für Dummies
Medium: Buch
Zielgruppe: Entscheider, Studenten, Neugierige
Sprache: Deutsch

Kosten: Ja
Link: https://bit.ly/2NhsnYH

Schlömer, Britta und Tobias Schlömer:
Inbound! Das Handbuch für modernes Marketing. Mit vielen Best Practices für alle gängigen Marketing-Automationssysteme
Medium: Kindle-E-Book, Buch
Zielgruppe: Geschäftsführer, Entscheider, Führungskräfte aller Ebenen, agile Projektteams
Sprache: Deutsch
Kosten: Ja
Link: https://amzn.to/3nzUYfT

Schwarz, Torsten et al.:
Leitfaden Growth Marketing: Mit kreativen Maßnahmen zu mehr Erfolg und Wachstum
Medium: Kindle-E-Book, Buch
Zielgruppe: Geschäftsführer, Entscheider, Führungskräfte aller Ebenen, agile Projektteams
Sprache: Deutsch
Kosten: Ja
Link: https://amz.run/54Hz

Tegmark, Max:
Vida 3.0/Life 3.0: Being Human in the Age of Artificial Intelligence
Medium: Kindle-E-Book, Buch
Zielgruppe: Entwickler, Data Scientists, Data Engineers, Entscheider, Studenten, Neugierige
Sprache: Englisch
Kosten: Ja
Link: https://amz.run/54or

Die besten Online-Kurse

NG, Andrew:
KI für alle
Medium: Coursera-Onlinekurs
Zielgruppe: Entscheider, Studenten, Neugierige
Sprache: Englisch
Kosten: Nein
Link: https://bit.ly/3CK1wwN

Elements of AI; Themen: Was ist KI? Was kann KI?
Medium: Onlinekurs
Zielgruppe: Entscheider, Studenten, Neugierige
Sprache: Deutsch, Finnisch, Englisch
Kosten: Ja
Link: https://www.elementsofai.de/

Künstliche Intelligenz – einfach erklärt für Einsteiger. Grundlagen zu Agenten- und Multiagentensystemen, Neuronalen Netzen, Deep Learning, Machine Learning & Computer Vision
Medium: Udemy-Onlinekurs
Zielgruppen: Entscheider, Studenten
Sprache: Deutsch
Kosten: Ja
Link: https://bit.ly/3DvhZ8W

Künstliche Intelligenz für Business Manager*innen. KI für Unternehmen: Strategie zur Einführung 2021 planen
Medium: Udemy-Onlinekurs
Zielgruppen: Entscheider, Manager, Marketingleiter
Sprache: Deutsch
Kosten: Ja
Link: https://bit.ly/3DsQZqR

Der Digital Marketing Komplettkurs: Digitales Marketing A–Z. Online-Marketing-Strategien, SEO, Wordpress, Podcast, Copywriting, E-Mail-Marketing, LinkedIn, XING, Telegram & mehr!
Medium: Udemy-Onlinekurs
Zielgruppen: Entscheider, Manager, Marketingleiter
Sprache: Deutsch
Kosten: Ja
Link: https://bit.ly/2YVZj3e

Digitales Marketing: Der große Marketing & Sales Funnel Kurs. Meistere Facebook & LinkedIn Werbung, Google SEA, Chatbots, Snapchat, TikTok, E-Mail-Marketing, Pinterest & Instagram
Medium: Udemy-Onlinekurs
Zielgruppen: Entscheider, Manager, Marketingleiter
Sprache: Deutsch
Kosten: Ja
Link: https://bit.ly/3HvYtf2

Marketing Automatisierung mit Webinaris. Webinar Marketing 2021: Vermarkte Deine Produkte und Dienstleistungen durch Webinare. Baue eine Marke auf.
Medium: Udemy-Onlinekurs
Zielgruppen: Entscheider, Manager, Marketingleiter
Sprache: Deutsch
Kosten: Ja
Link: https://bit.ly/3qNAX7j

University for Industry:
Machine Learning: Einsatzfelder und Grundgedanken
Medium: Webseite/Video
Zielgruppe: Entscheider, Studenten, Neugierige
Sprache: Deutsch
Zertifikat: Ja
Kosten: Ja
Link: https://bit.ly/2RCx6Kd

Die besten (kostenfreien) Videos

3Blue1Brown:
Neuronale Netzwerke und Deep Learning
Medium: YouTube-Video
Zielgruppe: Einsteiger
Sprache: Englisch
Link: https://bit.ly/2GDWngT

ARD:
Wie wird KI die Arbeitswelt und den Alltag verändern?
Medium: Video ARD
Zielgruppe: Entscheider, Studenten, Neugierige
Sprache: Deutsch
Link: http://bit.ly/2UJpTsm

Digitalzentrum Berlin:
Was ist Künstliche Intelligenz genau? Unterschiede zwischen starker KI und schwacher KI erklärt
Zielgruppe: Einsteiger
Sprache: Deutsch
Link: https://bit.ly/30CjqVf

Friedman, Lex:
Deep Learning Basics: Introduction and Overview
Zielgruppe: Einsteiger, Marketing-Mitarbeiter, Studierende
Sprache: Deutsch
Link: https://bit.ly/3FCBOMt

MediathekView:
Software zum Durchsuchen der Mediatheken öffentlich-rechtlicher Sender. Man kann nach Themen suchen und Filme direkt herunterladen.
Zielgruppe: Video- und Nachrichten-Fans, Interessierte
Link: https://bit.ly/3DCjiDk

re:publica 2018 – Sven Krüger:
Künstliche Intelligenz und die Zukunft des Marketings
Zielgruppe: Marketing-Praktiker
Sprache: Deutsch
Link: https://bit.ly/30OF3te

Schmidhuber, Jürgen
Thema: Künstliche Intelligenz wird alles ändern; Einführung LSTM
Medium: Video
Zielgruppe: Entscheider, Studenten, Neugierige
Sprache: Deutsch
Link: https://bit.ly/2BDWB1r

THINK REACTOR // Der Künstliche Intelligenz Podcast.
Zielgruppe: Praktiker
Sprache: Deutsch
Link: https://bit.ly/30KhDgK

Die besten Podcasts

Klug, Andreas:
Der Künstliche Intelligenz Podcast
Zielgruppe: Entscheider in der Wirtschaft, technisch Interessierte
Link: https://apple.co/2Z55him

Weber, Robert/Seeberg, Peter:
Thema: KI in der Industrie
Medium: Podcast
Zielgruppe: Entwickler, Data Scientists, Data Engineers, Entscheider, Studierende, Neugierige
Sprache: Deutsch
Links: https://apple.co/2GcrU9H, https://spoti.fi/2GbVBGZ, http://bit.ly/37JVH30

Die besten Webseiten und Blogs

BBC: 15 key moments in the story of artificial intelligence
Medium: Webseite
Zielgruppe: Entwickler, Data Scientists, Data Engineers, Entscheider, Studenten, Neugierige
Sprache: Englisch
Link: https://bbc.in/2mNOhGP

KI Landkarte Deutschland: Fit für KI: Whitepapers, Lernmaterialien
Zielgruppe: Entscheider, Führungskräfte, Neugierige
Sprache: Deutsch
Link: https://bit.ly/3roel3P

KI-Campus – KI-Kompetenzen durch innovative, digitale Lernangebote
Zielgruppe: Marketingteams, Führungskräfte, Einsteiger, Neugierige
Sprache: Deutsch
Link: https://ki-campus.org/blog

Blog für Chatbots und Künstliche Intelligenz
Zielgruppe: Marketingteams, Führungskräfte, Einsteiger, Neugierige
Sprache: Deutsch
Link: https://www.moin.ai/blog

7. ANNA AUTOMATIK UND PETER MANUELL

Themenrecherche

Recherche und Einarbeitung zum Thema Call-Tracking.

Anna Automatic

Hatte vorgestern in ***StayKeen*** **schon eine Keen-Suche nach Call-Tracking** eingerichtet (Aufwand ca. 10 Minuten).

Durchsicht der gefundenen Artikel von Keen. Ergebnis: zwei ausgezeichnete Blogartikel, die jeweils auf ein Video (15 Min.) und einen Podcast (20 Min.) verweisen. Anna lässt beide automatisch mit ***otter.ai*** **transkribieren** und liest sich alles durch.

ca. 20 Minuten

Peter Manuell

Recherche: Artikel mit manuellen Suchen in ***Google***: Ergebnis: zwei hervorragende Blogartikel, die jeweils auch auf ein Video (15 Min.) und einen Podcast (20 Min.) verweisen.
Artikel wird mit Verweismedien durchgearbeitet; Lesen, Anhören, Ansehen.

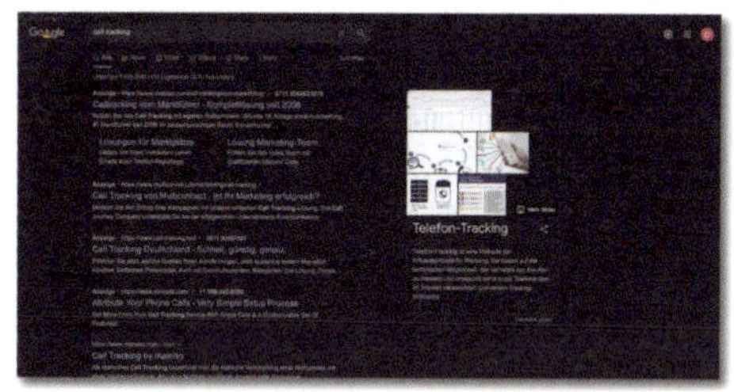

ca. 80 Minuten

Videoanalyse

Analyse der ersten Fassung des neuen Werbevideos (5 Min.) für die Entschwartungsmaschine ES44A.

Anna Automatic

Analysiert das neue **Werbevideo mit AI Eyetracking** und erstellt **kurze Präsentation** mit Optimierungs-Ableitungen inkl. Screenshots aus Analyse-Video **mit Heatmap-Overlay.**

ca. 15 Minuten

Peter Manuell

Peter **zeigt 5 Kollegen** aus anderen Abteilungen (Buchhaltung, Versand etc.) das **neue Werbevideo**. Danach stellt er inhaltliche Fragen, um herauszufinden, ob wichtige Details gesehen wurden. Er erstellt aus den Feedbacks und seinen Beobachtungen eine **Dokumentation mit Ableitungen.**

ca. 90 Minuten

Erstellung Google Text-Ads

Die Google-Ads-Anzeigengruppe für den neuen Streifenschneider St3B benötigt zwei weitere Textanzeigen, damit diese live gehen kann.

Anna Automatic

Zieht sich nochmals wichtige Features und Kern-Aussagen zum St3B**. Füttert *Copysmith* mit Features, Kern-Aussagen** etc. und lässt sich dann Anzeigen generieren. Dank der Schnittstelle zu Ads kann sie die Favoriten **direkt exportieren**. **Bearbeitet die exportierten Favoriten noch etwas nach** und **schaltet die neuen Anzeigen.**

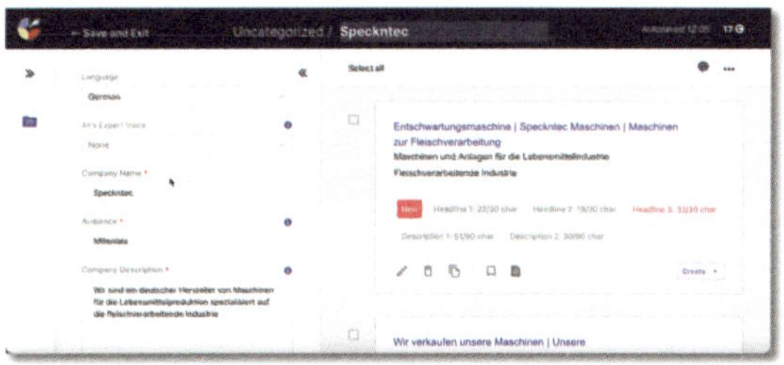

ca. 15 Minuten

Peter Manuell

Zieht sich nochmals wichtige Features und Kern-Aussagen zum St3B. Schaut sich die **Ads der Konkurrenz** für Anregungen an. Erstellt **dann auf Basis diesen Inputs die neue Anzeige**.

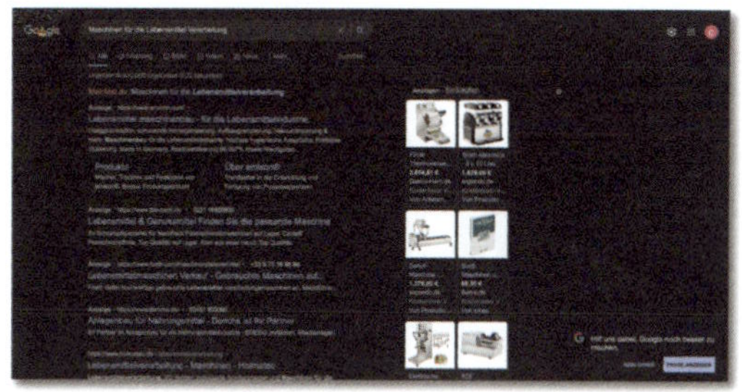

ca. 40 Minuten

Bild freistellen

Für den neuen Flyer braucht es noch eine Hintergrundentfernung (sogenannte Bildfreistellung) für das ausgewählte Foto

Anna Automatic

Nutzt **remove.bg,** um das **Bild freizustellen**. Da es nur ein einziges Bild ist, kann sie das direkt ohne Login ausführen.

ca. 5 Minuten

Peter Manuell

Dank Grundkenntnissen in ***Photoshop*** gelingt es ihm mithilfe einer **Youtube-Anleitung,** das **Bild freizustellen.**

ca. 20 Minuten

Onboarding Werkstudent

Onboarding für die Einweisung eines neuen Werkstudenten.

Anna Automatic

Führt ein **Onboarding-Gespräch** mit Student 1 und **erklärt die Aufgaben**, die auszuführen sind. Dann bittet sie, das 15-minütige **Onboarding-Video mit Informationen zu Unternehmen und Marketing-Abteilung** anzusehen (Video mit Synthesia erstellt; Aufwand 30 Minuten). Das ist jetzt **schon das 6. Onboarding dieses Jahr** und **das Video hat sich gelohnt.**

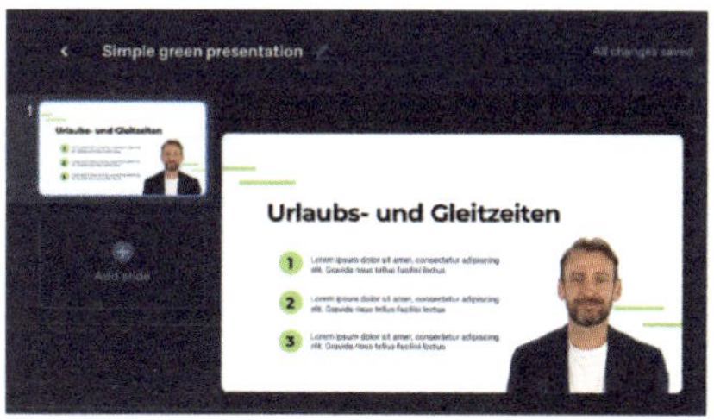

ca. 30 Minuten

Peter Manuell

Führt ein **Onboarding-Gespräch** mit Student 1 und erklärt die **Aufgaben**, die auszuführen sind. Zusätzlich **erläutert er wichtige Informationen zu Unternehmen und Marketing-Abteilung.** Das ist jetzt **schon das 6. Onboarding dieses Jahr.** Manuel merkt, dass das immer **ganz schön viel Zeit kostet**.

ca. 45 Minuten

Podcast Audioschnitt

Die Aufnahme des englischen Podcasts (15 Min.) ist gerade eingetroffen. Viele »Ähms« und ein inhaltlicher Fehler haben sich eingeschlichen.

Anna Automatic

Mittels ***Techsmith Auditate*** und der **visuellen Audiospur-Bearbeitung** sind die »Ähms« und die falsche Aussage **schnell gefunden**, markiert **und automatisch rausgeschnitten.**

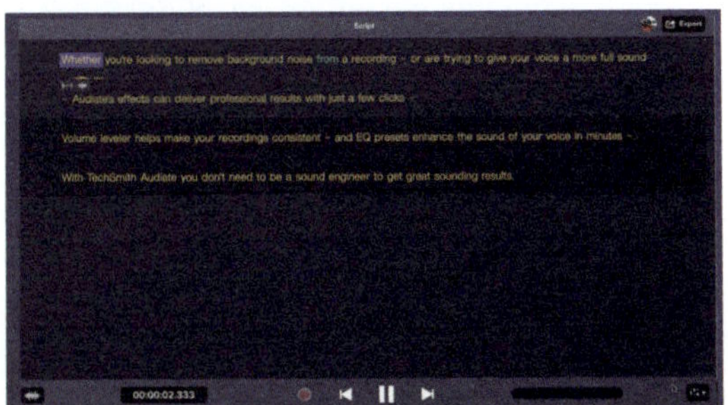

ca. 10 Minuten

Peter Manuell

Nach erstem **Anhören und Mitschrift,** bei welcher Minute jeweils ein »Ähm« bzw. die fehlerhafte Feature-Aussage ist, **beginnt die Schnittarbeit** durch Sprung zur Stelle und **Rausschnitt der jeweiligen Passage**.

ca. 30 Minuten

Mockup-Clickdummy

Gestern im App-Workshop mit den Kollegen wurden der Welcome Screen und zwei Unterscreens für die neue Info-App (Abruf der Maschinen-Manuals über App) als Wireframe gescribbelt. Jetzt soll noch ein erster Clickdummy dazu erstellt werden.

Anna Automatic

Die **gezeichneten Wireframes** fotografiert Anna ab und **lädt sie in *Uizard* hoch**. Automatisch werden die Elemente erkannt und Anna bearbeitet diese nach, sodass die gewünschten **Mockup-Screens entstehen**. Danach erfolgt noch die **Link-Verknüpfung der Screenansichten** für den **klickfähigen Flow-Dummy**.

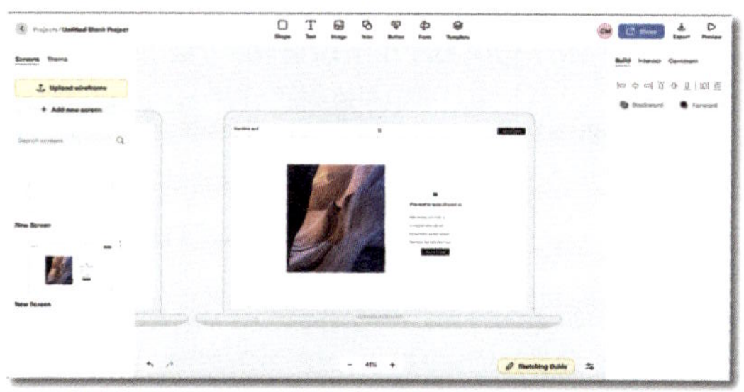

ca. 60 Minuten

Peter Manuell

Peter **baut die einzelnen Elemente** Stück für Stück in ***AdobeXD*** auf und setzt die handgezeichneten Wireframes in **gelayoutete Screenansichten um.** Danach erfolgt noch die **Link-Verknüpfung der Screeansichten, um einen klickfähigen Flow-Dummy** zu erzeugen.

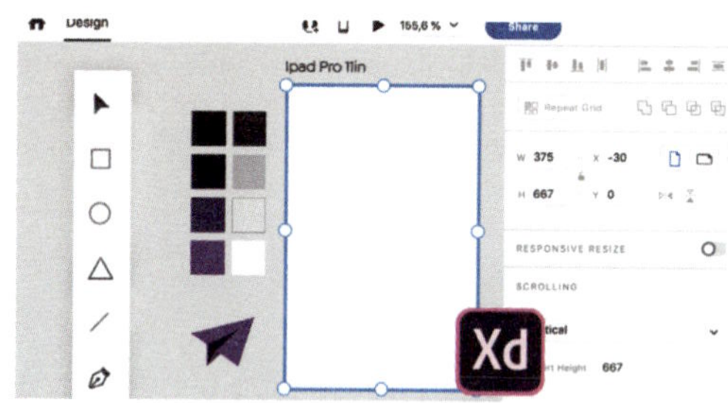

ca. 120 Minuten

Untertitel für Instagram-Post

Zur Promotion der neuen englischen Podcast-Episode soll noch ein Post mit einer knackigen visualisierten Aussage auf Instagram gepostet werden. (Damit auch bei ausgeschaltetem Audio die Informationen erfasst werden können).

Anna Automatic

Anna wählt aus dem **Podcast eine Passage mit einer knackigen Aussage** aus und **visualisiert** diese **einfach und automatisch** über die **Audiogramm-Funktion von *descript.com*** und erstellt dann damit den Instagram-Post.

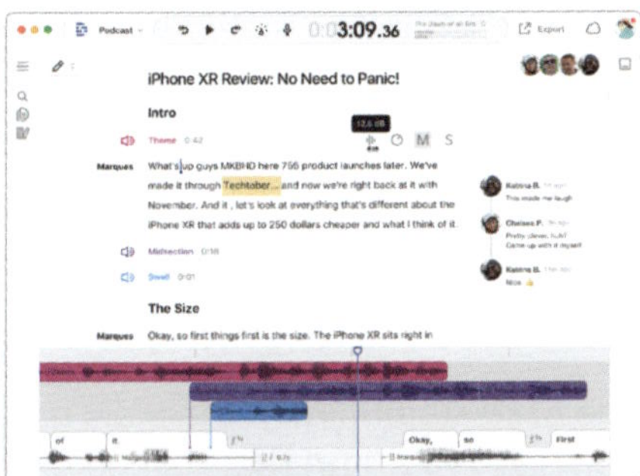

ca. 10 Minuten

Peter Manuell

Peter wählt aus dem **Podcast eine Passage mit einer knackigen Aussage**. Er **schneidet daraus** ein **Video** mit einer **einfachen Hintergrundfarbe und animierten Texteinblendungen der Aussage**. Mit dem Ergebnis macht Manuel den Instagram-Post.

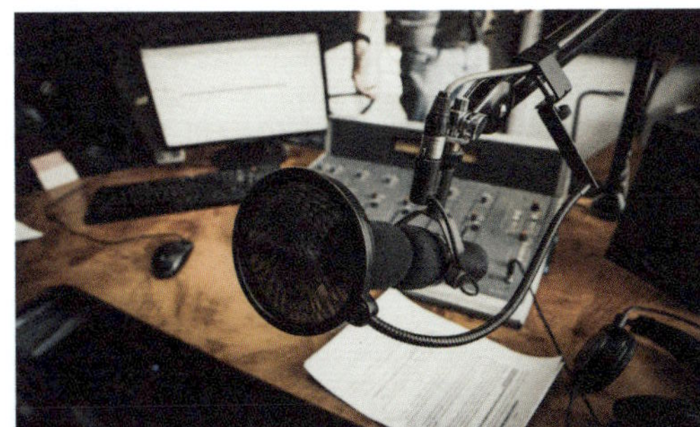

ca. 60 Minuten

Protokoll Webmeeting

Vorgestern fand noch das Jour Fixe zum Internationalen Marketing in Zoom mit den Marketing-Kollegen der Tochtergesellschaften im Ausland statt. Das Meeting wurde aufgezeichnet. Es muss noch ein Protokoll erstellt werden.

Anna Automatic

Anna hat die ***colibri.ai-App*** in Zoom, und entsprechend wurde mit der Aufnahme **automatisch alles transkribiert inkl. Sprecherpersonenzuweisung**. Dank des Transkripts ist das Protokoll schnell und einfach erstellt.

ca. 15 Minuten

Peter Manuell

Peter **schaut sich die Aufzeichnung an** und **schreibt die entsprechenden Inhalte mit.** Danach bereitet er die **Notizen noch in Protokollform auf.**

ca. 60 Minuten

Onlineshop Umsatz-Vorhersage Q4

Die Geschäftsführung möchte eine Vorschau des Onlineumsatzes für das nächste Kalenderjahr. Da es insgesamt sechs Ländershops gibt, müssen die einzelnen Shop-Performance-Ergebnisse analysiert und eine Hochrechnung ausgeführt werden.

Anna Automatic

Anna nutzt die **Vorhersage-Berechnungs-Funktion** des Tools ***akkio.com.*** Es gibt dort eine Anleitung mit einer **Tabellen-Vorlage, auf die Anna gut aufsetzen kann.**

ca. 90 Minuten

Peter Manuell

Peter **nimmt sich je Shop die Vorjahreszahlen**, um herauszufinden, wie das letzte Quartal in den Vorjahren sich saisonal verhalten hat. Dann **schaut er sich den aktuellen Jahresverlauf an** und mit diesen Werten **kalkuliert er grob eine Schätzung**. Danach summiert er seine Abschätzungen für ein **Gesamtergebnis.**

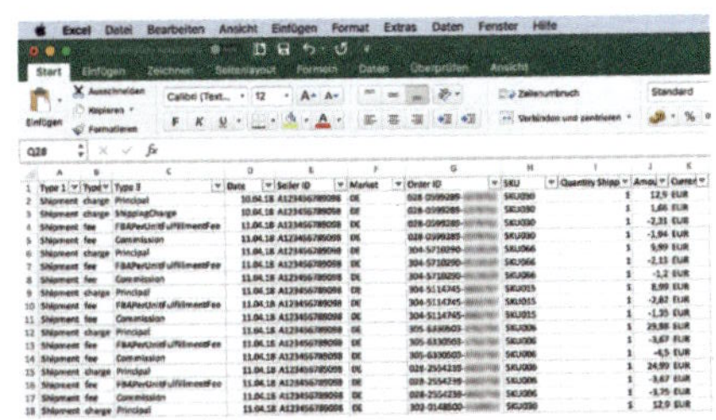

ca. 180 Minuten

8. WENN JEMAND EINE REISE TUT, SO KANN ER WAS ERZÄHLEN – DER ETWAS ANDERE AUSBLICK

Wir erzählen Ihnen anstelle eines Fazits die Geschichte von Josephine. Sie fasst dieses Buch für uns zusammen, denn sie hat eine Botschaft: **Jeder kann KI**! In ihrer Heldenreise entwickelt sich aus einer unscheinbaren Mitarbeiterin eine »Heldin«. Auf dieser Reise begegnet die Heldin Krisen, die sie zurückwerfen, und Mentoren, die sie wiederum motivieren. Bewahrer oder Neider machen ihr auf ihrer Reise das Leben schwer. Und doch schafft sie es.

Nun beginnt die Geschichte von Josephine – der Marketingmitarbeiterin aus dem bekannten 3D-Druckunternehmen in Kapitel 3. Sie freut sich jetzt auf Sie ...

Josephine (30) wollte immer im Marketing eines Unternehmens vor Ort arbeiten. Niemals wollte sie umziehen oder ihren Freundeskreis aufgeben. Nach Ausbildung und Studium startete sie vor fünf Jahren als Junior-Marketer in der Marketing- und Vertriebsabteilung des B2B-Unternehmens 3D-Druck GmbH. Dort fand sie eine gewöhnliche Marketingwelt vor. Das erinnerte sie manchmal an die langweiligen Marketingvorlesungen einiger ihrer Professoren, die den VW Käfer als innovatives Beispiel für modernes Marketing vorlasen. Ja, so war es bei 3D-Druck auch. Die Arbeit wurde händisch, in manueller Kleinarbeit erledigt: Adressen von Kunden erfassen, E-Mail-Adressen ändern, Texte für Prospekte ausdenken und aufschreiben etc. Auf den Arbeitsplatzrechnern lief Office 365 – die Bürosoftware für alle Mitarbeiter. Andere IT-Lösungen standen, bis auf die Buchhaltungs- und Faktura-Software, nicht zur Verfügung. Die Digitalisierung schien in diesem Unternehmen – trotz eigener High-Tech-Produkte – auf Nimmerwiedersehen vorbeigelaufen zu sein.

Viele Mitarbeiter arbeiteten dort bereits seit der Gründung des Unternehmens vor zehn Jahren. Josephine hatte eine geregelte Arbeitszeit und ein eigenes Büro. Mit dem Team traf sie sich abends nach Feierabend einmal die Woche zum Plausch in einer Bar. Ihre Aufgaben bestanden darin, die drei Jahresmessen vorzubereiten und umzusetzen, den Produktkatalog und die Kommunikationsmedien für den Vertrieb zu gestalten und mit der externen Agentur drucken zu lassen.

Doch dann wurden mit der Covid-19-Pandemie Kontaktbeschränkungen und Homeoffice eingeführt. Der Geschäftsführer sah sich gezwungen, das Zepter der angedachten digitalen Transformation an sich zu reißen. Videocall-Softwarelizenzen wurden rasch angeschafft, aber dann war auch er mit seinem digitalen Latein am Ende. Persönliche Akquisetermine und die weltweiten Messen wurden abgesagt und das Unternehmen befand sich wirtschaftlich auf einer dünnen Eisdecke.

Schließlich begann das Abenteuer Digitalisierung – auch für Josephine. Ihre Tätigkeiten mussten digital geplant und abgearbeitet werden und ihre Messen virtualisiert werden. Der Vertrieb musste mit digitalen Materialien und Technologien ausgestattet werden, damit der Laden nicht unrettbar einbrach. Josephine zögerte, war verunsichert über das, was in der Pandemie noch geschehen würde, und stand den Herausforderungen hilflos gegenüber. Etwas Vergleichbares war ihr in Ausbildung und Berufsleben noch nicht begegnet.

Apathisch saß sie zu Hause im Homeoffice an ihrem Küchentisch, grübelte und dachte über das Leben, hauptsächlich über die beruflichen Herausforderungen nach. Ihren Kollegen und ihren Chefs erging es nicht viel besser: Ratlosigkeit, Hilflosigkeit und Angst vor dem baldigen Totaleinbruch des noch jungen Unternehmens beherrschten Denken und Handeln. Schließlich wurde Kurzarbeit angemeldet. Traurigkeit wechselte sich mit Wut, Ohnmacht und kleinen Hoffnungsblitzen ab. Nach einigen Wochen kauerte Josephine deprimiert am Küchentisch vor ihrem Laptop und wusste sich nicht mehr zu helfen.

Sie wollte sich gegen das drohende Schicksal wehren. »Wie komme ich da bloß raus?«, fragte sie ihre beste Freundin Kim. Jeden Tag trafen sich die beiden im Videocall und diskutierten über ihre berufliche und niederschmetternde Situation. Kim motivierte Josephine: »Lass dich jetzt nicht so hängen. Du schaffst das. Schau auf das zurück, was Du schon alles erreicht hast. Jetzt rettest Du Deinen Arbeitgeber und dann geht es weiter. Ich bleibe an deiner Seite.«

Überwältigt von den motivierenden Worten und dem Freundschaftsbeweis begab sie sich auf die Reise, in eine Welt voller Technik und Künstlicher Intelligenz. Sie wurde wieder aktiv und recherchierte im Internet nach Tipps und Tricks zu »Remote Working«. Josephine las viel zu »digitalem Marketing im B2B« und erfuhr, dass neue potenzielle B2B-Kunden im sozialen Netzwerk LinkedIn gewonnen werden könnten. Sie richtete sich ein kostenloses Profil im deutschen Businessnetzwerk LinkedIn ein, verfolgte die Postings der Businessmenschen und lud erste Kontakte in ihr neues Netzwerk ein. Viele dieser Kontakte starteten oberflächlich mit »Hallo …« und endeten mit »Danke für die Einladung« – wie ernüchternd.

Dann traf sie dort auf Frauke. Frauke war Marketingleiterin eines Weiterbildungsunternehmens, das gemeinsam mit der Bundesagentur für Arbeit Online-Schulungen für Umschüler mit dem Ziel einer Tätigkeit in der Wirtschaft anbot. Sofort entwickelte sich ein sympathischer und persönlicher Austausch zwischen den beiden, zunächst über die Mailfunktion von LinkedIn, dann über Telefon und Videokommunikation. Frauke erzählte Josephine die Geschichte, wie sie einmal ihren Job verlor. Der Geschäftsführer ihres Arbeitgebers verschleppte die Insolvenz. Sie wurde arbeitslos und wartete über ein Jahr auf die noch ausstehenden Gehälter. Dann musste sie die Wohnung kündigen und schließlich beendete auch noch ihr Freund die Beziehung. Josephine war überwältigt sowohl vom Schicksal als auch von der Kraft, die Frauke aus dieser Geschichte gewonnen hatte. »Diese Kraft wünsche ich mir auch!«, flüsterte Josephine und legte den Kopf zur Seite, als ob sie ihren Wunsch jetzt fest verankern wollte.

Am Abend erzählte Josephine ihrer Freundin Kim von Frauke: »Was für eine Hammerfrau! Was die schon alles gewuppt hat. Irre!« »Wie alt ist sie denn? Was schätzt Du?«, fragte Kim. »Sie erwähnte ein Alter von Mitte 50«, erinnerte sich Josephine. »Und sie erzählte, wie schwer es ihr fiel, einen neuen Job zu finden! Erst als sie diesen fand, wurde ihr bewusst, wie einmalig das Leben sei und wie wenig Zeit und Chancen das Berufsleben böte, um Außergewöhnliches zu schaffen. Sie wollte nicht mehr ihre Routineaufgaben verwalten, sondern noch einmal etwas gestalten, mit Mitte 50. Beeindruckend!« Kim spitzte den Mund. Das tat sie immer, wenn sie Bewunderung zeigte.

»Ich will nicht bis 50 warten«, schoss es aus Josephine wie ein Blitz hervor. Mit Kim und Frauke sprach sie dann regelmäßig über die Bewältigung der Herausforderungen und der Rettung des Unternehmens aus Marketingsicht. Dringend benötigte das 3D-Unternehmen drei neue Unternehmenskunden – ein äußerst anspruchsvolles Unterfangen in dieser Zeit. Wenn das nicht funktionieren sollte, so fiel ihr der kreative Gedanke während des Kochens ein, werde sie Online-Lernvideos über das Unternehmen und die Produkte produzieren und diese an Ihre LinkedIn-Kontakte senden. Dank ihrer Recherchen las sie viel über Sales-Funnel, Videoproduktion mit dem Smartphone und Youtube-Hosting. Frauke begleitete Josephine bei jeder ihrer Fragen und stand ihr mit Rat und Tat zur Seite. Josephine sprach mit vielen ihrer LinkedIn-Kontakte. Doch das war enttäuschend und frustrierend. Viele wollten ihr nur ihre eigenen Produkte und Beratungsdienstleistungen verkaufen. Auf zwei Berater fiel sie sogar herein, die ihr große Hoffnungen auf neue Kunden machten und letztendlich nur an das eigene Wirtschaftswohl dachten. Sie brach die Kontakte ab. Frauke nahm sie auf diesem Weg an die (virtuelle) Hand. »Schade, dass wir uns nicht persönlich kennenlernen können«, meinte Frauke einmal melancholisch zu Josephine in einem Videocall. »Die persönliche Begegnung ist durch die digitale Kommunikation nicht zu ersetzen.« Das hielt Josephine nicht davon ab, Ihrem Chef sofort eine E-Mail mit einer Budgetanfrage zu senden.

Der Geschäftsführer genehmigte Josephine zwar ein Budget für Hardware und Softwarelizenzen. Doch eine Rückkehr zum alten System wäre einem Scheitern gleichgekommen. Josephine musste weitergehen. Immer wieder suchte sie Hilfe in Internetrecherchen und telefonierte mit Dienstleistern. Doch die Beratungspreise schienen utopisch. Sie fühlte sich übergangen und vertraute nicht mehr anderen, sondern nur noch sich selbst. So baute sie im Schlafzimmer das Smartphone auf ein Stativ, installierte das Videolicht und begann, die ersten Videos aufzunehmen. Doch es funktionierte nicht. Das Licht verursachte immer eine rote Nase auf den Aufnahmen (falscher Weißabgleich), das externe Mikrofon funktionierte unregelmäßig (Wackelkontakt) und Tonaussetzer waren die Regel. Und erst das Transferieren der Videos auf den Laptop war sehr zeit- und nervenaufreibend (falsches Transferkabel).

Als sie schon aufgeben wollte, sprach ein alter Studienkollege sie über LinkedIn an: »Hey, Josephine, lange nichts voneinander gehört. Was treibst Du?«, fragte David interessiert. David sollte sich als der herbeigesehnte Helfer erweisen. Er arbeitete als freiberuflicher Videodozent an einer Hochschule und war Experte für alle Fragen in der Videoproduktion. Er verstand es, Josephine aus ihrem Loch herauszuholen und wiederzubeleben. Josephine und David schafften es schließlich gemeinsam, die technischen Probleme zu lösen, ein Storyboard für einen Marketingfilm zu entwickeln und dieses umzusetzen. »Das mit der Postproduktion machst du mit KI«, zwinkerte David verschmitzt in die Videocallkamera. Den Schnitt machst du mit dem KI-Tool ›Typestudio‹, die Optimierung mit ›runwayml‹, und fertig ist das Video.« Josephine schnitt einige kleine Trailervideos aus dem Video zusammen und postete täglich eines davon auf LinkedIn und in Ihrem Freundes- und Bekanntenkreis.

Dafür erhielt sie viel Lob und Zustimmung und erste Kommentare landeten in ihrem E-Mail-Postfach. Als sie dem Geschäftsführer davon berichtete, zeigte er sich begeistert. »Endlich ein Hoffnungsfunke! Josephine, klasse gemacht! Wie können wir die Kontakte zu Kunden machen und den Effekt skalieren?« Josephine dachte sich tief in die Fragen hinein, probierte KI-Tools aus, experimentierte mit kostenlosen Accounts und traf schließlich eine Auswahl. Nach einigen Monaten konnte sie den gesamten Akquiseprozess optimieren und mit KI-Tools automatisieren.

Als sich gegen Ende der Pandemie alle Kollegen das erste Mal wieder persönlich trafen, stieß Josephine zunächst auf Widerstände im Unternehmen. Nicht alle Kolleginnen und Kollegen waren begeistert von ihrem digitalen Engagement. So stieß sie auf starke Beharrungskräfte und Antipathie gegenüber Künstlicher Intelligenz. Die Kolleginnen und Kollegen warteten nur darauf, dass jetzt alles wie früher werde – ohne diesen ganzen Digitalkram. Josephine nahm die Kritik persönlich, da ihre Leistung angezweifelt wurde. »Was das alles gekostet hat!«, hört sie vom Marketingleiter. Er sprach die Anschaffungen für die Hardware und die Softwarelizenzen an. Doch Josephine war fest davon überzeugt, Gutes getan zu haben, das sich schließlich beim Erfolg des Unternehmens widerspiegeln sollte.

Erst als in diesen Wochen zwei Aufträge von Josephines Kontakten eintrafen, verstummte die Kritik und es entwickelte sich leiser Respekt. Josephine ging als anspruchslose Mitarbeiterin und kam als Heldin wieder. Sie ist die Gewinnerin einer Reise in das Neue. Sie hat gewagt und gewonnen. Vieles ist im Unternehmen zwar immer noch so, wie es früher war. Doch Marketingprozesse und Kundenkommunikation laufen seitdem automatisiert auf Hochtouren. Zwei Jahre später leitete Josephine die Marketingabteilung mit zusätzlichen fünf Mitarbeiterinnen.

Sie traf sich mit Kim und Frauke im neu eröffneten Restaurant »AI«. Der Name steht für »Aesthetic Italian«, der »kunstvolle Italiener«. »Artificial Italian« erschien dem Inhaber zur Namensgebung zu künstlich. Dieser Name hätte der Qualität des köstlichen Essens auch nicht entsprochen. Das war der Ausgangspunkt eines langen Abends voll mit Lachern und freundschaftlichem Austausch.

Unsere Buchreise ist vorbei. Sie war spannend, anspruchsvoll, lustig und gespickt mit (kleineren) Krisen. Am Ende stellten wir fest, wie lehrreich sie war. Wir erkannten, dass wir uns auch auf einer Heldenreise befanden: Herausforderungen sehen, sie annehmen, in das Ungewisse eintreten und schließlich erfolgreich und schlauer zurückkehren. An dieser Stelle danken wir unseren Mentoren, die uns über den Weg gelaufen sind und uns auf dieser Reise begleitet haben. Unseren Familien sprechen wir beide einen liebevollen Dank aus.

Wir stellen uns am Ende dieser Reise die Frage, ob Sie nicht auch eine Reise unternehmen möchten. Vielleicht haben Sie eine Idee für ein KI-Projekt? Nein? Dann wird Ihnen die Idee zu einem späteren und unerwarteten Moment zufliegen. Wie auch immer Ihre Antwort ausfallen mag, wir freuen uns auf ein Kennenlernen und den Austausch mit Ihnen auf einer der nächsten KI-Toolpartys (KI-Toolparty.de).

Jetzt wünschen wir Ihnen viel Kraft für eine tolle Reise
zu einem smarten Marketing.

Ihr *Gerald Lembke* und Ihr *Christopher Meil*

ÜBER DIE AUTOREN

Prof. Dr. **Gerald Lembke** initiierte und begleitete mehr als 1000 Digitalprojekte in 30 Berufsjahren. Seine Leidenschaft sind die digitalen Chancen und Risiken für die Zukunft der Führung von Marketing, Teamorganisation und neuen Geschäftsmodellen. Als Professor forscht er, schreibt Bücher, genießt Keynote-Vorträge und produziert Podcasts und Artikel. Als Digital-Unternehmer und DHBW-Studiengangsmanager für Digitale Medien und Management begleitet er Projekte in Lehre, Forschung und Unternehmenspraxis. Bis heute sind 13 Bücher mit ihm erschienen, u.a. die Managementbücher *Social Media Marketing* und *Digitale Fitness für Führungskräfte*.

Christopher Meil blickt auf mehr als 20 Jahre Erfahrung im Bereich Marketing und Onlinebusiness zurück und ist als Berater auf Weboptimierung spezialisiert. Darüber hinaus schreibt er für diverse Fachzeitschriften wie iBusiness zu den Themen Optimierung & Testing sowie Targeting & Webanalyse.

QUELLENVERZEICHNIS

Amazon Web Services (AWS) (2021): *Aufteilen einer Monolithanwendung in Microservices.* https://aws.amazon.com/de/getting-started/hands-on/break-monolith-app-microservices-ecs-docker-ec2/, abgerufen am 04.12.2021

Babina, Tania; Fedyk, Anastassia; Xi He, Alex; Hodson, James (2021): *Artificial Intelligence, Firm Growth, and Industry Concentration* (May 7, 2021). https://ssrn.com/abstract=3651052 oder http://dx.doi.org/10.2139/ssrn.3651052, abgerufen am 24.10.2021

Berg, Achim (2021): *Künstliche Intelligenz. Wo steht die deutsche Wirtschaft? Präsentation des Bitkom-Präsidenten am 21.04.2021.* https://www.bitkom.org/sites/default/files/2021-04/bitkom-charts-kunstliche-intelligenz-21-04-2021_final.pdf, abgerufen am 24.10.2021

Blount, S.; Leinwand, P. (2020): *Purpose. Warum sind wir hier?* https://www.manager-magazin.de/harvard/strategie/purpose-so-entwickeln-und-vermitteln-sie-ein-starkes-statement-a-00000000-0002-0001-0000-000168896736, abgerufen am 04.12.2021

Brinker, Scott (2021): *Marketing Technology Landscape Supergraphic* (2020): Martech 5000 — really 8,000, but who's counting? https://chiefmartec.com/2020/04/marketing-technology-landscape-2020-martech-5000/, abgerufen am 06.10.2021

Bünte, Claudia (2018): *Künstliche Intelligenz im Marketing. Ergebnisse der SRH-Studie mit 208 Marketing-Managern.* https://bityl.co/9hiC, abgerufen am 21.11.2021, 11:12

Chaffey, Dave (2019): *Digital Marketing.* Pearson; 7th edition

Chui, Michael; Manyika, James; Miremadi, Mehdi; Henke, Nicolaus; Chung, Rita; Nel, Pieter; Malhotra, Sankalp (2018): *Notes from the AI frontier: Applications and value of deep learning.* https://www.mckinsey.com/featured-insights/artificial-intelligence/notes-from-the-ai-frontier-applications-and-value-of-deep-learning, abgerufen am 15.07.2021, 07:11

Deloitte (2021): Deloitte Tech Trends 2021. Zukunftsweisende Innovationen: Der neue Deloitte Report analysiert die wichtigsten Technologie-Trends. https://www2.deloitte.com/de/de/pages/enterprise-performance/articles/tech-trends-2021.html, abgerufen am 30.01.22

Dweck, Carol (2017): *Selbstbild: Wie unser Denken Erfolge oder Niederlagen bewirkt | Growth Mindset* (Im Original: *Mindset. The New Psychology of Success* 2006). Piper Taschenbuch; 4. Edition

ecom-consulting (2021): *eCommerce Middleware: in 7 Schritten zum perfekten System.* https://www.ecom-consulting.de/leistungen/middleware-auswahl/, abgerufen am 04.12.2021

Espel, Philipp; Herbener, Michael; Rupprecht, Frederic; Schröpfer, Christian; Venus, Andreas (2021): *New technologies go beyond what traditional cost optimization can offer.* https://www.mckinsey.com/industries/automotive-and-assembly/our-insights/how-industrial-companies-can-cut-their-indirect-costs-fast, abgerufen am 14.10.2021

Frederiksen, Lee (2019): *Entwicklung Ihrer digitalen Markenstrategie: Worauf warten Sie noch?* https://www.accountingtoday.com/opinion/developing-your-digital-branding-strategy-what-are-you-waiting-for, abgerufen am 13.10.2021

Gartner (2020): *2 Megatrends dominate the gartner hype cycle for artificial intelligence, 2020.* https://www.gartner.com/smarterwithgartner/2-megatrends-dominate-the-gartner-hype-cycle-for-artificial-intelligence-2020, abgerufen am 22.10.2021

Gartner (2021): *Chief Marketing Officer Leadership Vision 2022. Strategic Actions for Success.*

Gartner (2021): *Gartner identifiziert fünf Technologien, die in den nächsten zwei bis fünf Jahren einen erheblichen Einfluss auf die digitale Werbung haben werden.* https://www.gartner.com/en/newsroom/press-releases/2021-09-02-gartner-identifies-five-technologies-to-have-a-signif, abgerufen am 04.12.2021

Goasduff, Laurence (2020): *2 Megatrends dominieren den Gartner-Hype-Zyklus für Künstliche Intelligenz,* 2020. https://www.gartner.de/de/artikel/2-megatrends-dominieren-den-hype-cycle-von-gartner-fuer-kuenstliche-intelligenz-2020, abgerufen am 22.10.2021

Groth, Olaf J.; Mark Nitzberg; Dan Zehr; Tobias Straube; Toni Kaatz-Dubberke (2018): Vergleich nationaler Strategien zur Förderung von Künstlicher Intelligenz. Konrad-Adenauer-Stiftung e.V. (Hrsg.), S. 13. https://www.kas.de/documents/252038/3346186/Vergleich+nationaler+Strategien+zur+Förderung+von+Künstlicher+Intelligenz.pdf/46c08ac2-8a19-9029-6e6e-c5a43e751556?version=1.0&t=1542129691776, abgerufen am 30.01.22

Haider, Hilde (2021). *Lernkurve.* In: Wirtz, M. A. (Hrsg.): Dorsch Lexikon der Psychologie. Bern: Hogrefe. https://dorsch.hogrefe.com/stichwort/lernkurve, abgerufen am 05.12.2021

Hammerschmidt, Wilke; Kimpflinger, Andrea (2021): *Künstliche Intelligenz in Unternehmen 2021 in der Region Schwaben. Status quo und Handlungsempfehlungen.* https://www.ttz-bigdatamarketing.de/wp-content/uploads/2021/07/TTZ_Guenzburg_KI_Unternehmensstudie-2021.pdf (24.10.2021)

Jung, Jakob (2021): *No-Code, die verblüffend einfache Digitalisierungs-Software.* https://www.zdnet.de/88395918/no-code-die-verblueffend-einfache-digitalisierungs-software/, abgerufen am 27.10.2021

Kaspersky (2021): *Arbeitsplatz der Zukunft: Wie Nachwuchskräfte ihre Rolle in einer KI-bestimmten Berufswelt sehen.* Kaspersky-Report-Serie über die Generation KI. https://media.kasperskydaily.com/wp-content/uploads/sites/96/2021/05/31160516/Kaspersky_Report_KI-und-Arbeit_2021_layout_final.pdf, abgerufen am 4.11.2021

Klauke, Jannik; Heinz, Sebastian (2021): *Ein Reifegradmodell für Künstliche Intelligenz.* https://www.statworx.com/downloads/whitepaper/ic-03/ein-reifegradmodell-fuer-ki.pdf?utm_source=Newsletter&utm_medium=email&utm_content=Whitepaper%3A+PDF+Download&utm_campaign=Test%3A+Download+kostenloses+Whitepaper, abgerufen am 22.10.2021

Köder, Kerstin (2021): *Have an impact: So steigert SAP mit neuen Strategien und Skills den Marketing-Beitrag zum Geschäftserfolg.* https://www.mc-rn.de/event/have-an-impact-mit-neuen-strategien-und-skills-den-marketing-beitrag-zum-geschaeftserfolg-steigern/, abgerufen am 22.11.2021, 13:23

KPMG (2021): *Vertrauen Sie auf Künstliche Intelligenz. Eine Fünf-Länder-Studie.* https://hub.kpmg.de/trust-in-artificial-intelligence, abgerufen am 04.10.2021

Lembke, Gerald (2020): *Gestalten statt Verwalten – Tipps für mehr Motivation in der Arbeit.* Ergebnisse einer Moderationsrunde unter Marketingleitern des Marketing-Clubs Rhein-Neckar am 04.03.2020. https://gerald-lembke.de/gestalten-statt-verwalten-tipps-fuer-mehr-motivation-in-der-arbeit/, abgerufen am 30.01.2022

Lembke, Gerald (2021): *Künstliche Intelligenz – Next level im Digital- und Online-Marketing.* https://gerald-lembke.de/kunstliche-intelligenz-next-level-im-digital-und-online-marketing/, abgerufen am 28.10.2021

Lembke, Gerald; Soyez, Nadine (2021): *Digital-Fitness für Führungskräfte: Praxiswissen, Skills und Checklisten für die neue hybride Arbeitswelt.* München: REDLINE.

Makridis, Christos; Mishra, Saurabh (2020): *(How) Does Artificial Intelligence Raise Well-being? Evidence from Cities in the United States* (August 17, 2020). https://ssrn.com/abstract=3669348 or http://dx.doi.org/10.2139/ssrn.3669348, abgerufen am 24.10.2021

martechalliance (2021): *The Martech Report 2021-22.* https://www.martechalliance.com/hubfs/Martech%20Report%202021-22/The%20Martech%20Report%202021-22%20HighRes.pdf?utm_campaign=Branding&utm_medium=email&_hsmi=172489395&_hsenc=p2ANqtz--Ouw5RuksRempXZmLi3lqZUGO20wxwcXX0cpjTKxXR58psi0JAxLuWUlP8J9gz0GXjFLfv08KbIY3Jc_pDWgGQ_UF4qt8mwpHWZjcay07hR4rLbTU&utm_content=172489395&utm_source=hs_automation, abgerufen am 25.10.2021

Neufeind, Max (2021): *Generation KI? Warum Unternehmen jetzt mit ihren jungen Mitarbeitern über künstliche Intelligenz sprechen müssen* | GQ Germany (gq-magazin.de). https://www.gq-magazin.de/lifestyle/artikel/generation-ki-warum-unternehmen-jetzt-mit-ihren-jungen-mitarbeitern-uber-kuenstliche-intelligenz-sprechen-mussen, abgerufen am 4.11.2021

Newberry, Christina (2021): *Essential Tips and Tools for B2B Social Media Marketing.* https://blog.hootsuite.com/b2b-social-media, abgerufen am 15.10.2021

Omale, Gloria (2020): *Diese 5 wichtigsten Trends treiben den Gartner-Hype-Zyklus für digitales Marketing an,* 2020. https://www.gartner.com/en/marketing/insights/articles/top-5-trends-drive-gartner-hype-cycle-digital-marketing-2020, abgerufen am 04.10.2021

OMR (2020): OMR Reviews: *Hier findet Ihr ab jetzt die passende Software und Tools für Euer Business.* https://omr.com/de/omr-reviews-software-bewertungen-marktplatz/, abgerufen am 06.10.2021

Otte, Ralf (2019). *Künstliche Intelligenz für dummies.* Weinheim: WILEY-VCH Verlag Gmbh & Co KG.

Paaß, Gerhard; Hecker, Dirk (2021): *Künstliche Intelligenz: Was steckt hinter der Technologie der Zukunft?* Wiesbaden: Springer Vieweg.

Product Hunt (2021): *Portal für Marketing-Tools.* https://www.producthunt.com/topics/marketing, abgerufen am 22.11.2021

Puthiyamadam, Tom; Reyes, José (2018): *Experience is everything: Here's how to get it right.* https://www.pwc.com/us/en/zz-test/assets/pwc-consumer-intelligence-series-customer-experience.pdf, abgerufen am 07.12.2021

Runyon, Nick (2020): *Tips On Delivering Fun To Win B2B Buzz.* https://www.forbes.com/sites/forbescommunicationscouncil/2020/01/10/tips-on-delivering-fun-to-win-b2b-buzz/, abgerufen am 16.10.2021

Santora, Jacinda (2020): *18 bewährte Methoden zur Steigerung Ihrer Conversion-Rate in Ihrem gesamten Verkaufstrichter.* https://optinmonster.com/18-ways-increasing-conversions-throughout-your-sales-funnel/, abgerufen am 10.11.2021

Schöning, Laura; Reupert, Achim (2021): *Digitale Tools treiben den Verkaufsprozess.* In: Sales Excellence > Ausgabe 6/2021 https://www.springerprofessional.de/sales-excellence/3404820, abgerufen am 22.11.2021

Shostack, G. Lynn (1984): *Designing Services that Deliver.* hbr.org https://hbr.org/1984/01/designing-services-that-deliver, abgerufen am 17.10.2021 sixclicks (2021): *SWOT-Analyse im Content Marketing: Schluss mit falschen Entscheidungen.* https://www.sixclicks.de/blog/swot-analyse-im-content-marketing, abgerufen am 04.12.2021

Tambe, Prasanna; Hitt, Lorin; Rock, Daniel; Brynjolfsson, Erik (2020): *Digital Capital und Superstar-Firmen.* https://www.nber.org/papers/w28285, abgerufen am 04.10.2021

TCS (2021): *Nachhaltig geht nur digital. Wie Deutschland mit KI und Co. die Zukunft gestaltet. Die Trendstudie von Tata Consultancy Services (TCS) und Bitkom Research.*https://www.tcs.com/content/dam/tcs-germany/pdf/TrendstudieDigitalisierung/2021_TCS-Studie_Nachhaltigkeit_digital.pdf, abgerufen am 05.11.2021

Valoir (2021): *The state of digitale transformation – A Valoir Report.* September 2021. https://static1.squarespace.com/static/5db8a4995630c6238cbb4c26/t/6140cb8c9f2e0c5aa9ea1c86/1631636365566/Valoir+Report+-+State+of+digital+transfomation.pdf, abgerufen am 28.09.2021, 08:01

Van Rinsum, Helmut (2021): *Die Hyperautomatisierung des Marketings. Carsten Kraus über KI.* https://www.horizont.net/tech/nachrichten/kuenstliche-intelligenz-die-hyperautomatisierungdes-marketing-192577?crefresh=1, abgerufen am 24.10.2021

Vincent, Paul; Iijima, Kimihiko; Driver, Mark; Wong, Jason; Natis, Yefim (2019): *Gartner Magic Quadrant für Enterprise-Low-Code-Anwendungsplattformen.* https://www.gartner.com/en/documents/3956079/magic-quadrant-for-enterprise-low-code-application-platf, abgerufen am 28.10.2021

Wason, Peter C. (1968), *Reasoning about a rule.* Quarterly Journal of Experimental Psychology, 20 (3): 273–28.

Wilhelm, Alex; Miller, Ron (2021): *Databricks sammelt 1,6 Mrd. US-Dollar bei einer Bewertung von 38 Mrd. US-Dollar ein, während es über 600 Mio.*

US-Dollar ARR. sprengt. https://techcrunch.com/2021/08/31/databricks-raises-1-6b-at-38b-valuation-as-it-blasts-past-600m-arr/?_guc_consent_skip=1632807244, abgerufen am 28.09.2021, 06:23

BILDNACHWEISE

Use Case Nr. 1: https://creator.voiceflow.com/project/61ab4f3f3ab9650007 0e306a/canvas/61ab4f3f3ab96500070e306b, abgerufen am 4.12.2021 um 13:00

Use Case Nr. 2: Video auf https://cogitocorp.com/better-understand-customer-sentiment/, abgerufen am 4.12.2021 um 13:00

Use Case Nr. 3: Bild wurde auf Anfrage vom Tool-Anbieter Mnemonic AI via E-Mail übermittelt (E-Mail von Herrn Eliot Knepper am 26.11.2021 um 18:24)

Use Case Nr. 4: https://levity.ai/use-cases/categorize-service-requests, abgerufen am 19.11.2021 um 17:10

Use Case Nr. 5: Wordroom (2021) https://wordroom.org/index.html, abgerufen am 11.10. 2021 um 17:02

Use Case Nr. 6: https://www.summarizebot.com/api/7f9cdbcc04554669 81bfb31eaad66db7.html, abgerufen am 13.11.2021 um 16:40

Use Case Nr. 7: https://dash.hexomatic.com/workflows/current-workflow/ 13670, abgerufen am 10.11.2021 um 11:20

Use Case Nr. 8: https://monkeylearn.com/word-cloud/result?token=eyJoeXAiOiJKV1QiLCJhbGciOiJIUzI1NiJ9.eyJlbWFpbCI6ImNocmlzdG9waGVyLm1laWxAZ29vZ2xlbWFpbC5jb20iLCJleHAiOjE2MzcoODgyNTV9.j4p8WCoQHH9wuG4dHP4gp6sVwmpcQPsLxEEs2FFDkZc&next=/word-cloud/result, abgerufen am 21.11.2021 um 10:50

Use Case Nr. 9: https://designs.ai/logomaker/start/profile/saved, abgerufen am 4.12.2021 um 13:30 und am 16.8.2021 um 17:30

Use Case Nr. 10: https://make.headliner.app/wizard?tier=free&type=audio gram, abgerufen am 14.11.2021 um 15:10

Use Case Nr. 11: https://www.youtube.com/watch?v=ydZ8FzK_jCo, abgerufen am 3.12.2021 um 13:10

Use Case Nr. 12: https://generated.photos/face-generator/new, abgerufen am 16.11.2021 um 9.00

Use Case Nr. 13: https://levity.ai/#how-it-works, abgerufen am 19.11.2021 um 18:30

Use Case Nr. 14: https://languagetool.org/de?utm_campaign=rechtschreibpruefung&utm_source=google&utm_content=resp-srch&utm_medium=cpc&l=de&utm_term=grammatik+check&gclid=EAIaIQobChMI9u-Hyu5TK9AIVioxoCR2AuQ14EAAYASAAEgKyRPD_BwE, abgerufen am 4.12.2021 um 13:40

Use Case Nr. 15: https://brighter.ai/de/produkt/#demo, abgerufen am 13.11.2021 um 19:20

Use Case Nr. 16: https://rytr.me, abgerufen am 1.11.2021 um 15:03 Uhr

Use Case Nr. 17: https://nichesss.com/home/fast/SHHMT1PGY, abgerufen am 16.10.2021 um 16:47 Uhr

Use Case Nr. 18: https://www.jarvis.ai, abgerufen am 20.10.2021 um 13:26 Uhr

Use Case Nr. 19: https://app.slidebean.com/editor/6r1qkrck8m#design1, abgerufen am 21.11.2021 um 12:10

Use Case Nr. 20: https://dashboard.nowdialogue.com/settings/integrations/js, abgerufen am 20.11.2021 um 16:50

Use Case Nr. 21: https://highcompress.com/online-compress/, abgerufen am 13.11.2021 um 15:00

Use Case Nr. 22: https://www.unscreen.com/upload, abgerufen am 4.12.2021 um 14:05

Use Case Nr. 23: https://speechtext.ai/accounts/profile/, abgerufen am 4.12.2021 um 14:15

Use Case Nr. 24: https://audo.ai/noise-removal, abgerufen am 14. November 2021 um 15:00 und https://auphonic.com/engine/status/AfwDG3DySthkhiTLmPr6bP, abgerufen am 28.9.2021 um 10:30

Use Case Nr. 25: https://www.lalal.ai/, abgerufen am 26.10.2021 um 12:00

Use Case Nr. 26: https://www.remove.bg/de/upload, abgerufen am 16.8.2021 um 16:00

Use Case Nr. 27: https://app.bannerbear.com/projects/Ox3KmoZyyj7ZqAa9G6/templates/Rqg32K5QzrvD8V07Y6/edit, abgerufen am 20.11.2021 um 8:30

Use Case Nr. 28: https://app.uizard.io/prototypes/aBb07Aadg4IPvw6bj6bP, abgerufen am 22.11.2021 um 8:40 Uhr

Use Case Nr. 29: Screenshot App ClipDrop, aufgenommen am 23.11.2021 um 20 Uhr

Use Case Nr. 30: https://www.social-searcher.com/social-buzz/?wblng=en&ntw=&psttyp=&searchid=0&period=&value=&fbpage=&q5=trump, abgerufen am 17.9.2021 um 8:30

Use Case Nr. 31: https://app.nanonets.com/#/ocr/annotate/3027622c-d909-4b29-a6b4-1c3e02b0e206/845f07cc-e68f-43f8-9f10-82dff72b85c6, abgerufen am 13.11.2021 um 19:00

Use Case Nr. 32: https://imagetotext.io/, abgerufen am 19.9.2021 um 18:30

Use Case Nr. 33: https://blog.otter.ai/in-otter-words-kitty-kolding/, abgerufen am 4.12.2021 um 14:40

Use Case Nr. 34: https://score.ampermusic.com/pIWJ75FlwSifVOQjusTt-90kErGJp/workspace/, abgerufen am 18.8.2021 um 11:00

Use Case Nr. 35: Screnshot Desktop-Programm »Audiate", abgerufen am 14.11.2021 um 14:00

Use Case Nr. 36: https://runwayml.com/, abgerufen am 22.11.2021 um 7:20

Use Case Nr. 37: Wep-App »Meetalfred", abgerufen am 23.11.2021 um 20:00

Use Case Nr. 38: Browser-Erweiterung nach Aufruf eines LinkedIn-Profils, abgerufen am 24.11.2021 um 07:10

Use Case Nr. 39: https://app.eyequant.com + Chrome Browser Plugin, abgerufen am 24.11.2021 um 21:15

Use Case Nr. 40: https://app.marketmuse.com/googlemailcom-river-castle-85336/ckweygeip7klb0a75cqnp5047/apps/optimize, abgerufen am 25.11 2021 um 15:30

Use Case Nr. 41: https://headlime.com/app/editor/619fc8932d7a2b0011e50497/landing-page/619fc8a42d7a2b0011e50498, abgerufen am 25.11.2021 um 20:10

Use Case Nr. 42: https://app.eyequant.com/seer-app/#/advanced-start-analysis, abgerufen am 24.11.2021 um 12:15

Use Case Nr. 43: https://www.nvidia.com/research/inpainting/masking, abgerufen am 26.11.2021 um 10:00

Use Case Nr. 44: https://app.akkio.com/flow/innmzYfHMQY3eyGnJuGt, abgerufen am 26.11.2021 um 19:05

Use Case Nr. 45: https://app.typestudio.co/editor/GTSBm2dnEsrhlKOviLsl, abgerufen am 27.11.2021 um 9:30

Use Case Nr. 46: https://my.sonix.ai/upload?folder_id=00eOZp9A, abgerufen am 27.11.21 um 14:30 Uhr

Use Case Nr. 47: Bild wurde auf Anfrage vom Tool-Anbieter Mnemonic AI via E-Mail übermittelt (E-Mail von Herrn Eliot Knepper am 26.11.2021 um 18:24)

Use Case Nr. 48: https://brandmark.io/logo-rank/, abgerufen am 28.11.2021 um 13:50

Use Case Nr. 49: https://app.synthesia.io/#/video-edit/dec911d7-6a24-4c3d-a977-c47ce534b5f5, abgerufen am 19.9.2021 um 15:47 Uhr

Use Case Nr. 50: https://www.obsbot.com/de/obsbot-tiny, abgerufen am 28.11.2021 um 16:40

Bildnachweise Kapitel 7

Folie 1:
https://staykeen.com/keen/SwvGggBdZLU58VAEPiXg/explore, abgerufen am 6.11.2021 um 10:50
Google Suche nach »call tracking«, abgerufen am 27.9.2021 um 17:00

Folie 2:
https://www.youtube.com/watch?v=2M41i76gPKY, abgerufen am 26.11. 2021 um 12:15
Adobe Stocks: https://stock.adobe.com/de/

Folie 3:
https://app.copysmith.ai/google-ad/61a0bd678ce478002a20255c?title=Specktec, abgerufen am 26.11.2021 um 12:10
Google Suche nach »maschinen für die lebensmittelverarbeitung «, abgerufen am 27.9.2021 um 17:00

Folie 4:
https://www.remove.bg/de/upload, abgerufen am 26.11.2021 um 12:30
Adobe Stocks: https://stock.adobe.com/de/

Folie 5:
https://app.synthesia.io/#/video-edit/b70544ab-4fd4-4c33-90cd-29fa696a53da, abgerufen am 26.11.2021 um 12:40
Adobe Stocks: https://stock.adobe.com/de/

Folie 6:
https://www.techsmith.com/audiate.html, abgerufen am 26.11.2021 um 12:40
Adobe Stocks: https://stock.adobe.com/de/

Folie 7
https://app.uizard.io/prototypes/vem6dK87MJhXdlz8a87W, abgerufen am 27.9.2021 um 17:00
https://images.app.goo.gl/daAVMbDdDSpLt9Au9, abgerufen am 26.1.2021 um 12:45

Folie 8:
https://www.descript.com/blog/article/introducing-descript-podcast-studio-overdub, abgerufen am 26.11.2021 um 12:50
Adobe Stock: https://stock.adobe.com/de/

Folie 9:
https://colibri.ai/zoom-live-transcription, abgerufen am 26.11.2021 um 12:55
Adobe Stock: https://stock.adobe.com/de/

Folie 10:
https://www.akkio.com/product, abgerufen am 26.11.2021 um 13:00
https://www.amalytix.com/wissen/controlling/amazon-bestelldaten-mit-excel-analysieren/, abgerufen am 26.11.2021 um 13:05